DIE OFFIZINELLEN PFLANZEN UND DROGEN

Eine systematische Übersicht
(1912)

VON

WILHELM MITLACHER

NACHDRUCK DER ORIGINALAUSGABE VON 1912
(FROMME, WIEN UND LEIPZIG)

ISBN: 978-3-86741-162-2
©EUROPÄISCHER HOCHSCHULVERLAG GMBH & CO KG (WWW.EH-VERLAG.DE)

REIHE: HISTORICAL SCIENCE, BAND 1

Die offizinellen Pflanzen und Drogen

Eine systematische Übersicht über die in sämtlichen Staaten Europas sowie in Japan und den Vereinigten Staaten von Amerika offizinellen Pflanzen und Drogen mit kurzen erläuternden Bemerkungen

Von

Dr. Wilhelm Mitlacher
a. o. Professor für Pharmakognosie an der Universität Wien

Wien und Leipzig 1912. Kaiserl. und königl. Hof-Buchdruckerei und Hof-Verlags-Buchhandlung Carl Fromme

Verlags-Archiv 1293.

K. u. k. Hofbuchdruckerei Carl Fromme, Wien.

Vorwort.

Seitdem die Kulturstaaten durch Herausgabe der sogenannten Pharmakopöen oder offiziellen Arzneibücher in ihrem Machtbereiche den Apothekern die Verpflichtung auferlegen, eine Reihe bestimmter Arzneimittel stets vorrätig zu halten — unbeschadet jener, welche sie freiwillig führen wollen — hat sich auch allmählich der Gebrauch entwickelt, nicht mehr alle in der Offizin des Apothekers, zur Verwendung kommenden Arzneikörper als offizinell zu bezeichnen, sondern bloß diejenigen, die in einer Pharmakopöe enthalten sind. Hiebei wird die Bezeichnung „offizinell" ergänzt durch die Nennung der Pharmakopöen, welche ein bestimmtes Arzneimittel anführen (z. B. Folia Senna sind allgemein offizinell, Folia Polygoni avicularis nur in Österreich etc.).

Wenn auch, allgemein genommen, weder die Aufnahme noch die Ausschließung eines Arzneimittels durch eine oder mehrere Pharmakopöen einen Schluß auf seinen Heilwert oder seine Wirkungslosigkeit gestatten, so bietet doch eine systematische Zusammenstellung aller Arzneimittel, die in einer gewissen Zeit in den verschiedenen Kulturländern durch die Aufnahme in die betreffenden Pharmakopöen wesentliche Bestandteile des Arzneimittelvorrates der Apotheker bildeten, nach verschiedenen Seiten Interesse.

Dies gilt im besonderen auch für die Arzneimittel aus dem Pflanzenreiche, also die offizinellen Heilpflanzen und die von diesen abstammenden Drogen und Präparate.

Apotheker und Ärzte, Botaniker, Chemiker, Lehrer, gebildete Züchter von Arzneipflanzen besitzen alle — jeder von einem anderen Standpunkte aus — ein Interesse daran, unter den vieltausend bekannten Heilpflanzen, deren überreiche Fülle den mit der Materie weniger Vertrauten verwirrt und aller Übersicht beraubt, eine Auswahl kennen zu lernen, wie sie eben durch die Zusammenstellung der offizinellen Pflanzen und Drogen gegeben werden kann.

In diesem Sinne unternahm ich es — ursprünglich um eine Übersicht der für die Arzneipflanzenkultur in erster Linie in Betracht kommenden Gewächse zu schaffen, weiterhin in Berücksichtigung des öfter geäußerten Wunsches befreundeter Ärzte und Botaniker — eine solche Zusammenstellung auszuarbeiten.

Sie umfaßt 22 Pharmakopöen, nämlich alle gegenwärtig in Europa in Gesetzeskraft stehenden, einschließlich der mit diesen in enger innerer Verbindung stehenden Pharmakopöen Japans und der Vereinigten Staaten von Amerika.

Bei der Durcharbeitung des Themas ergab sich die Notwendigkeit, die wissenschaftlichen Angaben mancher Pharmakopöen, zumal einiger älterer, besonders hinsichtlich der Nomenklatur und Synonymie der Stammpflanzen sowie der Ableitung der Drogen von diesen, einer Revision zu unterziehen.

Es wurde die Nomenklatur nach einheitlichen Gesichtspunkten, nämlich nach den Beschlüssen des internationalen Botanikerkongresses in Wien vom Jahre 1905 geordnet und sind die giltigen Namen in der Zusammenstellung immer an die Spitze gestellt worden. Von Synonymen wurden in der Regel nur solche angegeben, die in einer Pharmakopöe als Name der betreffenden Pflanze angeführt sind.

Hingegen wurden die in vielen Pharmakopöen nur als Synonyme angeführten Namen fortgelassen, sofern nicht ein besonderer Grund ihre Aufnahme wünschenswert machte.

Bei dieser Arbeit erfreute ich mich der außerordentlich wertvollen Mithilfe des Herrn Dr. Erwin Janchen, Privatdozenten für systematische Botanik an der Universität in Wien, der die große Freundlichkeit hatte, die systematischen und nomenklatorischen Angaben in meinem Manuskripte durchzusehen und zu ergänzen. Ich danke dem verehrten Kollegen auch an dieser Stelle für seine freundschaftliche Gefälligkeit, die mir um so wertvoller war, als mir in vielen Fällen der Mangel einer unmittelbar zugänglichen, ausreichenden Bibliothek für derartige systematische Nachforschungen sehr fühlbar wurde.

Die Anordnung des Stoffes erfolgte nach dem Systeme R. von Wettsteins, wie es in der 2. Auflage seines Handbuches aufgestellt ist.

Entsprechend der oben erwähnten, sehr verschiedenartigen Fragestellung der einzelnen Berufskreise, die an einer solchen Übersicht Anteil nehmen, wurden einige ganz kurz gefaßte Angaben aufgenommen, die nur einer allgemeinen Orientierung dienen sollen und, dem Charakter dieses Buches entsprechend, jede Spezialisierung vermeiden. So wurden über folgende Fragen Angaben gemacht:

1. Die geographische Verbreitung und eventuelle Kultur der Arzneipflanzen; 2. durch ein Zeichen oder Schlagwort ihre Vegetationsform (☉, ♃ etc.); 3. die Anführung der von einer Pflanze stammenden Drogen mit den Namen, unter welchen sie in den einzelnen Pharmakopöen angeführt sind und aufgesucht werden können, wobei auf vergessene, rein historische Synonyme verzichtet wurde; 4. die Anführung der einzelnen Staaten, in welchen die Drogen offizinell sind, somit auch die Verbreitung der Drogen als offizinelle Arzneimittel in den verschiedenen

Staaten; 5. die für die Wirkung oder Anwendung der Droge wesentlichen Bestandteile (durch das Zeichen † wird eine Droge als besonders starkwirkend bezeichnet); 6. die wichtigsten Verwendungsarten der Drogen in der Heilkunde und in der Volksmedizin. Doch konnte die Form, in welcher sie verordnet werden (Infus, Tinktur, Pulver etc.), nicht berücksichtigt werden. Sie ist übrigens hier auch nebensächlich.

Die pflanzengeographischen, sowie überhaupt die systematischen Angaben wurden vorwiegend den Bearbeitungen der einzelnen Familien in Engler-Prantls „Natürlichen Pflanzenfamilien", sowie R. von Wettsteins „Handbuch der systematischen Botanik" entnommen.

Ich glaube wohl nicht hervorheben zu müssen, daß alle Angaben, besonders auch diejenigen chemischer und medizinischer Natur — wenn sie auch nur in Schlagworten gemacht sind — die neueste Literatur berücksichtigen. Besonders hinsichtlich der Anwendung der Arzneidrogen sind häufig in der Literatur Angaben enthalten, die längst nicht mehr den tatsächlichen Verhältnissen entsprechen, aber von einem Buche in das andere übernommen werden. Ähnliches gilt für die volkstümlichen Verwendungsarten vieler Arzneidrogen. Hier konnte ich mich zum großen Teil an authentisches Material, das ich selbst im Laufe der Jahre gesammelt habe, halten. Durch die Druckschriften der Laienmedizin und ihre Agitation ist auch hier die ursprüngliche, auf historischer und legendärer Basis stehende Volksmedizin vielfach durch die mehr uniforme Laienmedizin verdrängt worden.

Wien, im Februar 1912.

Wilhelm Mitlacher.

Inhaltsübersicht.

	Seite
Stamm. **Phaeophyta.**	
Familie. Laminariaceae	1
„ Fucaceae	1
Stamm. **Rhodophyta.**	
Familie. Gelidiaceae	1
„ Gigartinaceae	2
„ Rhodophyllidaceae	2
„ Sphaerococcaceae	2
„ Rhodymeniaceae	2
Stamm. **Euthallophyta.**	
Familie. Saccharomycetaceae	2
„ Hypocreaceae	3
„ Polyporaceae	3
„ Stictaceae	4
„ Parmeliaceae	4
Stamm. **Cormophyta.**	
Abteilung. **Archegoniatae.**	
Familie. Lycopodiaceae	4
„ Equisetaceae	5
„ Polypodiaceae	5
„ Cyatheaceae	6
Abteilung. **Anthophyta.**	
Unterabteilung. **Gymnospermae.**	
Klasse. Coniferae.	
Familie. Cupressaceae	6
„ Abietaceae	7
„ Fossile Koniferen	10
Unterabteilung. **Angiospermae.**	
Klasse. Dicotyledones.	
Familie. Betulaceae	10
„ Fagaceae	10
„ Iuglandaceae	11

	Seite
Familie. Salicaceae	11
„ Moraceae	12
„ Cannabinaceae	12
„ Ulmaceae	13
„ Urticaceae	13
„ Santalaceae	14
„ Loranthaceae	14
„ Polygonaceae	14
„ Piperaceae	15
„ Hamamelidaceae	16
„ Euphorbiaceae	16
„ Buxaceae	18
„ Chenopodiaceae	19
„ Phytolaccaceae	19
„ Caryophyllaceae	19
„ Magnoliaceae	20
„ Myristicaceae	20
„ Canellaceae	21
„ Monimiaceae	21
„ Lauraceae	21
„ Aristolochiaceae	24
„ Menispermaceae	24
„ Berberidaceae	25
„ Ranunculaceae	26
„ Papaveraceae	27
„ Cruciferae	29
„ Cistaceae	31
„ Bixaceae	31
„ Droseraceae	32
„ Violaceae	32
„ Flacourtiaceae	32
„ Theaceae	33
„ Guttiferae	33
„ Dipterocarpaceae	33
„ Malvaceae	34
„ Tiliaceae	35
„ Sterculiaceae	35

		Seite
Familie.	Linaceae	36
„	Geraniaceae	36
„	Erythroxylaceae	37
„	Zygophyllaceae	37
„	Rutaceae	37
„	Simarubaceae	41
„	Burseraceae	42
„	Polygalaceae	43
„	Anacardiaceae	43
„	Sapindaceae	45
„	Hippocastanaceae	45
„	Aquifoliaceae	45
„	Celastraceae	45
„	Rhamnaceae	46
„	Vitaceae	46
„	Crassulaceae	47
„	Saxifragaceae	47
„	Rosaceae	47
„	Mimosaceae	52
„	Papilionaceae	53
„	Thymelaeaceae	58
„	Nyssaceae	59
„	Lecythidaceae	59
„	Myrtaceae	59
„	Punicaceae	61
„	Araliaceae	62
„	Umbelliferae	62
„	Pirolaceae	67
„	Ericaceae	67
„	Primulaceae	67
„	Styracaceae	68
„	Symplocaceae	68
„	Sapotaceae	68
„	Convolvulaceae	69
„	Cuscutaceae	70
„	Hydrophyllaceae	70
„	Boraginaceae	70

		Seite
Familie.	Solanaceae	71
„	Scrophulariaceae	74
„	Pedaliaceae	75
„	Acanthaceae	75
„	Verbenaceae	75
„	Labiatae	75
„	Plantaginaceae	82
„	Loganiaceae	82
„	Gentianaceae	83
„	Menyanthaceae	84
„	Apocynaceae	85
„	Asclepiadaceae	86
„	Oleaceae	87
„	Rubiaceae	88
„	Caprifoliaceae	90
„	Valerianaceae	91
„	Dipsaceae	92
„	Cucurbitaceae	92
„	Lobeliaceae	94
„	Compositae	94

Klasse. Monocotyledones.

Familie.	Alismataceae	100
„	Liliaceae	101
„	Iridaceae	105
„	Gramineae	106
„	Musaceae	108
„	Zingiberaceae	108
„	Marantaceae	109
„	Orchidaceae	109
„	Palmae	110
„	Araceae	112

Anhang.

Drogen verschiedenartiger oder unbestimmter Herkunft 113

Verzeichnis

der Pharmakopöen mit den dafür im Texte gewählten Abkürzungen.

Amer.: Vereinigte Staaten von Amerika. The Pharmacopoeia of the United States of America, Eigth decennial revision, 1905.
Belg.: Belgien. Pharmacopoea Belgica, editio tertia, 1906.
Dänem.: Dänemark. Pharmacopoea Danica, 1907.
Deutschl.: Deutschland. Deutsches Arzneibuch, 5. Ausgabe, 1910.
Engl.: England. The British Pharmacopoeia, 1898, print. 1905.
Finnl.: Finnland. Pharmacopoea Fennica, editio quarta (nach der Übersetzung von E. E. Sundvik 1888).
Frankr.: Frankreich. Codex medicamentarius Gallicus, Pharmacopée Française, 1908.
Griech.: Griechenland. *Α. Κ. Λαμβεργη: Φασμακοποιια, εκδοσισ II*.
Ital.: Italien. Farmacopea ufficiale del regno d'Italia, seconda edizione 1902.
Jap.: Japan, The Pharmacopoeia of Japan, third revised edition, 1907.
Kroat.: Kroatien und Slawonien. Hrvatsko-Slavonski Ljekopis, Drugo izdanje Pharmacopoea Croatico-Slavonica, editio secunda, 1901.
Niederl.: Niederlande. Pharmacopoea Nederlandica, editio quarta, 1905.
Norweg.: Norwegen. Pharmacopoea Norvegica, editio tertia, 1895 und Supplement Tillaeg til Pharm. Norv. ed. tert. 1901.
Österr.: Österreich. Pharmacopoea Austriaca, editio octava, 1906.
Portug.: Portugal. Pharmacopêa Portugueza, edição official, 1876.
Rumän.: Rumänien. Farmacopea Română, editunea a treia, 1893.
Rußl.: Rußland. Российская фармакопея, шестое изданіе, 1910.
Schwd.: Schweden. Svenska Farmakopén 1908 (Pharmacopoea Suecica ed IX).
Schwz.: Schweiz. Pharmacopoea Helvetica, editio quarta, 1907.
Serb.: Serbien. Pharmacopoea Serbica, editio secunda, 1908.
Span.: Spanien. Farmacopea oficial Española, septima edición, 1905.
Ung.: Ungarn. Magyar Gyógyozerkönyv; Pharmacopoea Hungarica; **Harmadik kiadás**; editio tertia, 1909.

Stamm. # Phaeophyta.
Ordnung. ## Phaeosporeae.
Laminariaceae.

Laminaria Cloustonii (Edm.) Le Joly (Lam. digitata [L.] Lamour. β Cloustonii Hauck, Lam. hyperborea [Gunn.] Fosl.). Nördliche Meere.

Off.: Der stielartige Teil des Thallus: Stip. Laminariae, Finnl., Ital., Laminaria, Griech., Span., Laminaria digitata, Portug.

Hauptbestandteil eine quellbare Pektinsubstanz, wahrscheinlich das Calciumsalz der Tangsäure. Anwendung zu Quellstiften in der Chirurgie.

Ordnung. ## Cyclosporeae.
Fucaceae.

Fucus vesiculosus L. Blasentang. Nördl. Atlantischer Ozean, Nord- und Ostsee.

Off.: Der Thallus (Fucus vesiculosus): Bodelha (Quercus marina), Portug.

Wirksamer Bestandteil geringe Menge von Jod und Brom. Geheimmittel zu Entfettungskuren. Technisch zur Herstellung von Jod und Brom verwendet.

Stamm. # Rhodophyta.
Klasse. ## Florideae. Ordnung. ## Nemalioneae.
Gelidiaceae.

Gelidium-Arten (z. B. G. cartilagineum [L.] Gaill. = Sphaerococcus cartilagineus Ag.; G. corneum [Huds.] Lamour., G. elegans Kütz., G. crinale [Turn.] Lamour. = G. polycladum Kütz. u. a.) aus dem Indischen Ozean liefern das Rohmaterial zur Herstellung von Agar-Agar (sog. japanischem Agar). Vergl. auch Fam. Sphaerococcaceae und Rhodophyllidaceae.

Off.: Agar-Agar, Frankr., Rußl.

Hauptbestandteil das Kohlehydrat Gelose. Verwendung. In Japan und China als Nahrungsmittel, in der Medizin hauptsächlich zu bakteriologischen Nährböden.

Ordnung. **Gigartineae.**

Gigartinaceae.

Chondrus crispus (L.) Stackh. (Sphaerococcus crispus Ag.) und **Gigartina mamillosa** (Goud. et Woodw.) J. Ag. Nördliche Meere, Küsten von Irland, Bretagne und Massachusetts (Plymouth).

Off.: Der Thallus (Irländisches Moos, Perlmoos, Knorpeltang): Carrageen (Alga Carrageen), Belg., Dänem., Deutschl., Finnl., Griech., Jap., Niederl., Österr., Rumän., Schwz., Carragaheen, Frankr., Caragaen, Span., Alga perlada, Portug., Fuco carageo, Ital., Chondrus, Amer.

Hauptbestandteil ist ein Schleim von komplizierter Zusammensetzung (Carragenin). Man verwendet die Droge zu Gallerten, zum Klären trüber Flüssigkeiten, selten als Nährmittel. Technisch wird sie viel verwendet als Ersatz für Gummi.

Rhodophyllidaceae.

Eucheuma spinosum (L.) J. Ag. (Gigartina spinosa Kütz.), Indischer Ozean.

Der Thallus bildet das sog. Agar-Agar von Makassar. S. o. Fam. Gelidiaceae.

Ordnung. **Rhodymenieae.**

Sphaerococcaceae.

Gracilaria lichenoides (L.) Harv. (Sphaerococcus lichenoides Ag.), **Gracilaria compressa** (Ag.) Grev. (Sphaerococcus compressus Ag.) u. a., Indischer Ozean, Ceylon, Sundainseln, Burma, liefern das sog. Agar-Agar von Ceylon (Fucus amylaceus). S. o. Fam. Gelidiaceae.

Rhodymeniaceae.

Alsidium Helminthochorton (La Tour.) Kütz., Wurmmoos. Mittelmeer.

Off.: Der Thallus (meist mit anderen Algen vermengt, Korsisches Wurmmos): Helminthochorton, Griech., Mousse de Corse, Frankr., Coralina de Corcega, Span., Alga de Corsega (Helminthochorton venale), Portug.

Wirksamer Bestandteil unbekannt. Die Droge wird in Südeuropa als Wurmmittel (gegen Ascariden) verwendet. Sie ist fast obsolet.

Stamm. **Euthallophyta.**

Klasse. **Fungi (A. Eumycetes.).** Ordnung. **Ascomycetes.**

Unterordnung. **Saccharomycetineae.**

Saccharomycetaceae.

Saccharomyces cerevisiae Meyen, Hefepilz.

Off.: Bierhefe, Preßhefe. Faex compressa, Schwz. Anwendung bei Stoffwechselkrankheiten und Hautkrankheiten.

Saccharomyces Kefir Beyerinck, Kefirpilz. Neben zwei Streptokokken und Dispora caucasica Kern (Fam. Coccaceae und Bacteriaceae, Klasse Schizomycetes, Stamm Schizophyta) Hauptbestandteil des Kefirs.

Off.: **Kefir siccum**, Rußl.

Anwendung zur Herstellung von Kefirmilch (durch alkoholische Gärung des Milchzuckers der Milch), diese als leicht verdauliches Nahrungsmittel.

Unterordnung. **Pyrenomycetineae.**

Reihe. **Hypocreales.**

Hypocreaceae.

Claviceps purpurea (Fr.) Tul., Mutterkornpilz. Entsteht in den Blüten (Fruchtknoten) von Gramineen, besonders des Roggens und Weizens.

Off.: Das Dauermycelium oder Sklerotium (Mutterkorn) †: **Secale cornutum**, Belg., Dänem., Deutschl., Finnl., Griech., Jap., Kroat., Niederl., Norweg., Rußl., Schwd., Schwz., Serb., Ung., **Segala cornuta**, Ital., **Cornezuelo de centeno** (Sclerotium clavicepitis), Span., **Cravagem de centeio** (Ergota vel Sec. cornut.), Portug., **Ergot de seigle**, Frankr., **Fungus Secalis**, Österr., **Ergota**, Amer., Engl., **Secara cornuta**, Rumän.

Chemische Zusammensetzung sehr kompliziert und noch nicht vollkommen geklärt. Als wirksame Hauptbestandteile wurden u. a. erkannt: Die Alkaloide Ecbolin, Ergotinin, Cornutin, Sphacelotoxin und Ergotoxin (wahrscheinlich wenigstens teilweise identisch), das Ergoxantheïn, die Sphacelinsäure, ferner p-Hydroxyphenyläthylamin und β-Iminazolyläthylamin. Die Droge enthält auch viel Fett, das zu ihrer leichten chemischen Zersetzlichkeit beiträgt. Anwendung in der Geburtshilfe bei Blutungen in der Nachgeburtsperiode (volkstümliches Abortivum!) und überhaupt in der Medizin als wichtiges Hämostatikum bei inneren Blutungen. Ursache der epidemischen Kriebelkrankheit.

Ordnung. **Basidiomycetes.**

Unterordnung. **Eubasidii.** Gruppe. **Autobasidiomycetes.**

Reihe. **Hymenomycetes.**

Polyporaceae.

Fomes fomentarius (L.) Fr. (Polyporus fomentarius L.). Verbreitet auf Baumstämmen, besonders Buchen. Europa.

Off.: Der geschälte und präparierte Fruchtkörper (Feuerschwamm, Zunder). **Fungus igniarius**, Österr., **Amadou**, Frankr., **Agarico dos carvalhos**, Portug.

Volkstümliches blutstillendes Wundmittel.
Polyporus officinalis (Vill.) Fr., Lärchenschwamm. Auf Larix-Arten. Südl. Europa, Sibirien.
Off.: Der geschälte Fruchtkörper †: Fungus Laricis, Österr., Schwz., Agaricus albus, Griech., Agarico bianco-, blanco-, branco, Ital., Span., Portug., Agaric blanc, Frankr.
Wirksamer Bestandteil: Die Harzsäure Agaricin † (off.: Agaricinum oder Acid. agaricinicum in Deutschl., Ital., Jap., Norweg., Schwz.).
Anwendung. Zur Beschränkung der Schweißsekretion, z. B. bei Tuberkulose, früher auch als Purgativum.

B. Lichenes. Flechten.

Gruppe. **Ascolichenes.** Untergruppe. **Discolichenes.**

Stictaceae.

Lobaria Pulmonaria (L.) Hoffm. (Lichen Pulmonaria L., Sticta Pulmonaria Achar.), Lungenmoos, verbreitet in Europa.
Off.: Der Thallus: Pulmonaria, Portug.
Volksmittel bei Lungenleiden.

Parmeliaceae.

Cetraria islandica (L.) Achar. Isländische Flechte, isländisches Moos. Nördl. Halbkugel bis in die arktische Region, in Mitteleuropa Gebirgspflanze.
Off.: Der Thallus: Lichen islandicus, Belg., Deutschl., Finnl., Griech., Jap., Kroat., Niederl., Österr., Rumän., Schwz., Serb., Ung., Lichene islandico, Ital., Liquen islandico, Span., Lichen d'Islande, Frankr., Lichen, Portug.
Hauptbestandteile der Bitterstoff Cetrarin (Cetrarsäure), sowie die Kohlehydrate Lichenin und Dextrolichenin (Flechtenstärke).
Anwendung hauptsächlich als sehr beliebtes Volksmittel bei Dyspepsie und Katarrhen, auch zu Gallerten.

Stamm. Cormophyta.

Abteilung. **Archegoniatae.** Unterabteilung. **Pteridophyta.**

Klasse. **Lycopodiinae.** Ordnung. **Lycopodiales.**

Lycopodiaceae.

Lycopodium clavatum L., ♃., Bärlapp. In Wäldern, Europa, Asien, Afrika, Amerika.
Off.: Die Sporen („Bärlappsamen", Semen Lycopodii der älteren Literatur): Lycopodium, Amer., Belg., Dänem., Deutschl., Finnl., Griech., Jap., Kroat., Niederl., Norweg., Österr., Rumän., Rußl., Schwd., Schwz.,

Serb., **Lycopodio** (Licopodio), Ital., Portug., Span., **Lycopodii sporae,** Ung., **Lycopode,** Frankr.

Wesentlicher Bestandteil Fett. Verwendung zu Streupulvern.

Klasse. Equisetinae. Ordnung. Equisetales.

Equisetaceae.

Equisetum arvense L., ⚥., Ackerschachtelhalm, Zinnkraut. Europa, Nördl. Asien, Nordchina und Japan, Nordafrika, Kanaren, Südafrika, Nordamerika.

Off.: Der sterile Sproß: Herb. Equiseti, Österr., Ung.

Der wirksame (wahrscheinlich toxische) Bestandteil ist unbekannt (ein Harz?). Die Droge enthält viel Kieselsäure. Anwendung selten, als Diuretikum (Volksmittel).

Klasse. Filicinae. Unterklasse. Filices leptosporangiatae.

Ordnung. Filicales.

Polypodiaceae.

Dryopteris Filix mas (L.) Schott (Nephrodium Fil. mas Rich., Aspidium Fil. mas Swtz., Polypodium Fil. mas L.), ⚥., Wurmfarn. Nördl. Hemisphäre, mit Ausnahme des eigentlichen atlantischen Nordamer., Anden bis Peru, Brasilien, Argentinien, Sandwichinseln, Java.

Off.: Der Wurzelstock †: Rhiz. Filicis (maris), Belg., Dänem., Deutschl., Finnl., Griech., Niederl., Norweg., Rußl., Schwd., Schwz., Ung., Riz. de helecho macho, Span., Rad. Filicis (maris), Jap., Österr., Filix mas, Engl., Kroat., Serb., Rumän., Felce maschio, Ital., Feto macho, Portug., Fougère mâle, Frankr., Aspidium, Amer. (einschließlich D. marginalis).

Wirksame Bestandteile die Filixsäure (Filicin) und die glykosidische Filixgerbsäure, Filmaron (eine Säure), vielleicht auch ein ätherisches Öl. Beliebtes Bandwurmmittel.

Dryopteris marginalis (L.) Asa Gray, ⚥.. Östliches und nördliches Nordamerika.

Off.: Der Wurzelstock: Aspidium, Amer. (einschließlich D. Filix mas). Anwendung wie Dryopter. Fil. m.

Phyllitis Scolopendrium (L.) Newm. (Scolopendrium vulgare Sm.), Hirschzunge, ⚥.. Europa, Südwestasien, Japan, Nordamerika, Mexiko.

Off.: Die getrockneten Wedel (Fol. Linguae cervinae vel Phyllitidis der älteren Literatur): Scolopendre, Frankr.

Anwendung als Volksmittel bei Lungenleiden und Erkrankungen der Milz, auf Wunden.

Adiantum Capillus Veneris L., ⚥., Frauenhaar. Tropen und Subtropen der Alten Welt bis zum Mittelmeergebiet, Südalpen und Südengland, Nordamerika.

Off.: Die getrockneten Wedel: Herb. Capilli Veneris, Belg., Griech., Fol. Adianti, Schwz., Culantrillo, Span., Capillaria, Rumän., Capillaire de Canada, Frankr., Avenca, Portug.
Beliebtes Volksmittel bei Katarrhen der Luftwege.

Cyatheaceae.

Cibotium Barometz (L.) J. Smith und andere Cibotium- sowie **Alsophila**-Arten Indiens, Javas, Sumatras und der Sandwichinseln. Baumfarne.
Off.: Die Wolle der Wedelstielbasen (Pennawar Djambi, Paku Kidang, Pulu): Paleae haemostaticae, Österr.
Anwendung als Blutstillungsmittel auf Wunden, technisch als Füllstoff für Polster etc.

Abteilung. **Anthophyta.** Unterabteilung. **Gymnospermae.**

Klasse. **Coniferae.**

Cupressaceae.

Callitris quadrivalvis Vent., Baum oder Strauch. Gebirge des nordwestl. Afrika (Atlas), Spanien.
Off.: Das Harz: Res. Sandaraca, Dänem., Österr., Schwd., Span.?' Sandaraca, Griech., Jap., Sandaraque, Frankr.

Der Name Sandaraca der spanischen Pharmacopöe ist dort als Synonym für das Harz von Juniperus communis „Resina de enebro" angegeben, von dem man diese Droge früher ableitete.

Chemische Bestandteile: Mehrere Harzsäuren (Sandaracopimarsäure, Callitrolsäure), d-Pinen, ein Diterpen und Bitterstoff. Anwendung: Pharmazeutisch zu Pflastermassen.

Thuja occidentalis L., Baum, Lebensbaum. Einheimisch von Kanada bis Virginien, in Europa als Zierpflanze viel kultiviert.
Off.: Die Zweigspitzen †: Thuja (Arbor vitae), Portug.
Wirksamer Bestandteil: Ätherisches Öl, darin das giftige Thujon (ein gesättigtes Keton). Anwendung wie Juniperus Sabina, auch volkstümliches Abortivum.

Cupressus sempervirens L., Zypresse. Einheimisch von Persien bis Kleinasien, kultiviert im Mittelmeergebiet.
Off.: Die Zapfenfrucht: Fruto de Ciprès (Fructus Cupressi), Span., Cypreste (Cupressus), Portug.
Anwendung als Adstringens, wohl nur Volksmittel.

Juniperus communis L., Wacholder, Strauch, selten Baum. Europa, Mittel- und Nordasien.
Off.: 1. Die Beerenzapfen (Wacholderbeeren): Fruct. Juniperi, Belg., Dänem., Deutschl., Finnl., Griech., Jap., Niederl., Norweg., Österr., Rußl., Schwd., Schwz., Ung., Juniperus, Kroat., Serb., Ginepro, Ital., Jenu-

pere, Rumän., Enebro (Fruto de), Span., Genèvrier, Frankr., Zimbro, Portug.

Bestandteile: Ätherisches Öl, Harz und Zucker, Juniperin (indifferent). Anwendung als Diuretikum und technisch zur Gewinnung von Wacholderbranntwein, häufiger als Volksmittel.

2. Das Wurzelholz (Wacholderholz): Lign. Juniperi, Österr. Diuretikum, Volksmittel zu Räucherungen, enthält Harz und ätherisches Öl (s. d.!).

3. Das ätherische Öl der Beerenzapfen (Wacholderöl): Ol. Juniperi, Amer., Deutschl., Engl., Jap., Kroat., Österr., Schwz., Serb., Ung., Aetherol. Juniperi, Norweg., Ess. de genièvre, Frankr., Ess. di ginepro, Ital., Ess. de zimbro, Portug., Ol. de jenupere, Rumän.

4. Das Harz: Res. d. enebro (Sandaraca), Span. (vergl. Callitris quadrivalvis).

5. Das Produkt der trockenen Destillation des Holzes (Wacholderteer). Alcatrão de zimbro, Portug.

Hauptbestandteile des Wacholderöls sind Pinen, Cadinen. Anwendung: Diuretikum und zu Inhalationen bei Katarrhen.

Juniperus Sabina L., Seven- oder Sadebaum oder -strauch. Gebirge von Mittel- und Südeuropa, Kaukasus, Nordasien.

Off: 1. Die Zweigspitzen †: Herb. Sabinae, Griech., Niederl., Österr., Schwz., Frondes Sabinae, Ung., Ramuli Sabinae, Dänem., Summit. Sabinae, Belg., Sabina, Amer., Ital., Kroat., Portug., Rumän., Sabine, Frankr.

2. Ätherisches Öl aus den Zweigspitzen †: Ol. Sabinae, Amer., Jap., Ess. Sabinae, Belg., Ess. d. sabina, Portug.

Hauptbestandteil der Zweige das ätherische Öl, darin als wirksame Bestandteile der ungesättigte sekundäre Alkohol Sabinol und Thujon. Anwendung der Zweige und des Öls nur äußerlich als hautreizende, entzündungserregende Mittel auf Geschwüre zur Anregung von Granulationen. Beim Volke das Kraut als Abortivum und als solches sehr gefährlich.

Juniperus Oxycedrus L., Baum oder Strauch. Spanische Zeder. Mittelmeergebiet bis zum Kaukasus.

Off.: Produkt der trockenen Destillation (Wacholderteer, Kadöl): Ol. cadinum, Amer., Engl., Kroat., Rußl., Schwz., Ung., Ol. cadin, Rumän., Ol. cadino, Ital., Ol. de cade, Portug., Ol. Juniperi empyreumaticum, Serb., Niederl., Österr., Pyrol. Juniperi, Dänem., Norw., Pyrol. Oxycedri, Finnl., Schwd., Brea de oxycedro (Pix liquid. Oxycedri), Span., Pix Juniperi liquida, Jap.

Die wichtigsten Bestandteile sind verschiedene Phenole (Guajakol, Kreosol etc.), Kohlenwasserstoffe, Cadinen. Anwendung äußerlich bei verschiedenen Hautkrankheiten.

Abietaceae.

Agathis australis Salisb. (Dammara australis Lamb.), Baum, Kaurifichte (Yellow Pine). Neuseeland.

Off.: Das Harz (Kaurikopal): **Dammar kauri,** Frankr.

Hauptbestandteil mehrere Harzsäuren (Kaurin-, Kaurol-, Kauronolsäure). Anwendung zu Pflastermassen, technisch zu Firnis etc.

Agathis Dammara Rich. (Agathis loranthifolia Salisb., Dammara orientalis Lamb., D. alba Rumph.), Baum, Dammarfichte. Malayische Inseln, Philippinen.

Off.: Das Harz*): **Resina Dammar,** Finnl., Rußl., **Res. de dammar,** Span.

Pinus-Arten. Bäume. Kiefer, Föhre, u. zw. hauptsächlich **Pinus silvestris** L., Europa, südl. bis Spanien, Nordasien., **Pinus nigra** Arnold (in mehreren Rassen, besonders **P. Laricio** Poir. und **P. austriaca** Höss). Schwarzföhre, Südeuropa bis Niederösterreich, **Pinus Pinaster** Soland. (P. maritima Lam.), Igelföhre, Seestrandkiefer, Mittelmeergebiet, **Pinus Taeda** L., Weihrauchkiefer, Nordamerika, von Florida bis Nordkarolina, **Pinus palustris** Mill. (Pinus australis Michx.), Nordamerika, dienen zur Gewinnung der folgenden harzigen Produkte:

1. Harzbalsam (Terpentin, deutscher, österreichischer, französischer, russischer, amerikanischer usw.): **Terebinthina,** Amer., Deutschl., Griech., Jap., Schwz., **Terebinthina communis,** Kroat., Rußl., Serb., Ung., **Trementina commune,** Ital., **Trementina de pino,** Span., **Térèbenthine du pin,** Frankr., **Balsamum Terebinthina,** Finnl., Norweg., Österr., **Bals. Tereb. communis,** Dänem., Schwd., **Succo leitoso d. pinheiro,** Portug.

Hauptbestandteile: Harz (darin Abietinsäure, Pimarsäure, Laricopinonsäure etc. je nach der Provenienz) und ätherisches Öl (Terpentinöl, s. d.!).

2. Terpentinöl: **Ol. Terebinthinae** (rectificatum od. commune oder beide Sorten), Amer., Deutschl., Engl., Finnl., Jap., Kroat., Niederl., Österr., Rußl., Schwz., Serb., Ung., **Ol. d. terebentina,** Rumän., **Ess. d. terebinthina,** Portug., **Ess. Terebinthinae,** Belg., **Ess. d. trementina,** Span., Ital., **Ess. de térèbenthine officinale,** Frankr., **Aetherol. Terebinthinae,** Dänem., Schwd.

Hauptbestandteile: l- und d-Pinen, Dipenten, Camphen und verschiedene andere Terpene.

3. Harz aus dem Terpentin (Geigenharz): **Colophonium,** Deutschl., Griech., Jap., Niederl., Schwz., Serb., Ung., **Colofonia,** Ital., Span., **Colophane,** Frankr., **Res. Colophonium,** Dänem., Norweg., Österr., Rußl., Schwd., **Colophon. depurat. flavum,** Kroat., **Res. Pini flava,** Finnl., **Terebinthinae Res.,** Belg., **Pez louro** (Pix flava vel Res. Terebinthinae venalis), Portug.

4. Weißpech auch Wasserharz oder Burgunderpech (Harz mit Wasserzusatz): **Res. Pini,** Jap., Rußl., Schwz., **Res. Pini burgundica****), Kroat., Ung., **Resina,** Engl., Amer., **Res. commun,** Span., **Pez resina** (Res. flava), Portug.

---

*) Die Ableitung des im Handel vorherrschenden Dammarharzes der Pharmakopöen von Agathis Dammara Rich. ist als unrichtig erkannt worden. Man nimmt gegenwärtig eine Shorea-Art als Stammpflanze an. Vergl. Dipterocarpaceae.

**) Siehe auch Picea excelsa.

5. Scharrharz: Thus americanum, Engl.
6. Produkte der trockenen Destillation*) (Teer, Pech, Teeröl): Pix liquida, Amer., Belg., Deutschl., Engl., Frankr., Jap., Niederl., Schwz., Serb., Rußl., Brea de pino, Span., Alcatrão, Portug., Pecura liquida, Rumän., Pix Pini, Schwd., Norweg., Pez negro (Pix solida vel navalis), Portug., Pix solida (nigra), Niederl., Rußl., Poix noir, Frankr., Pyrol. Pini, Dänem., Norweg., Pyrol. Colophonii, Dänem., Schwd., Ol. Resinae empyreumatic., Jap., Österr., Ol. Picis liquid. Amer.
7. Die jungen Sprosse (sogenannte Fichtenknospen): Turio Pini, Griech., Schwz., Gemmae Pini, Rußl., Yemas de pino, Span., Pino, Ital., Pin sylvestre (bourgeons), Frankr., Turiões d. pinheiro, Portug.
8. Der Preßsaft aus frischem Holze: Seiva d. pinheiro (Lympha Pini), Portug.
9. Das ätherische Öl aus den Blättern (Koniferenöl): Ol. Pini sylvestris pro inhalatione, Ung., Ol. Pini foliorum, Rußl.

Anwendung: Die harzigen Produkte zu Pflastermassen, Salben etc., die empyreumatischen sowie Turiones Pini äußerlich bei Hautkrankheiten, das ätherische Öl zu Inhalationen bei Bronchialleiden, seltener innerlich bei Nieren- und Blasenkrankheiten und bei Lungenkatarrh, auch als Hämostatikum.

Pinus montana Mill. (mit mehreren Rassen, insbesondere **P. Pumilio** Hänke und **P. Mughus** Scop.), Legföhre, Latsche. Gebirge Mitteleuropas bis zum Kaukasus.

Off.: Das ätherische Öl aus den Blättern (Latschenöl): Ol. Pini Pumilionis, Kroat., Österr., Schwz., Serb., Ol. Pini, Engl.

Es enthält l-Pinen, l-Phellandren, Cadinen, Silvestren, Bornylacetat etc. und wird zu Inhalationen bei Bronchialerkrankungen angewendet.

Larix decidua Mill. (L. europaea DC., Pinus Larix L.), Baum, Lärche. Alpen und Karpathen.

Off.: 1. Der Harzbalsam (Venetianischer Terpentin): Terebinthina laricina, Niederl., Rußl., Schwz., Terebinthina veneta, Belg., Kroat., Ung., Balsam. Terebinthina veneta, Dänem., Schwd., Trementina di Venezia, Ital., Trementina de Alerce, Span., Terebinthina de Veneza, Portug., Térébenthine du mélèze, Frankr.

Hauptbestandteil: α- und β-Laricinolsäure und ätherisches Öl.

2. Das Reinharz: Colofonia (Res. Terebinth.), Portug.

Anwendung wie gewöhnlicher Terpentin.

Abies alba Mill. (Abies pectinata Lam. et DC., Pinus Picea L.), Baum, Edeltanne, Weißtanne Gebirge von Mittel- und Südeuropa.

Off.: Der Harzbalsam (Straßburger Terpentin): Trementina de abeto, Span., Terebinthina (vulgar.), Portug.

Abies balsamea (L.) Mill., Östliches Nordamerika, Baum.

Off.: Der Harzbalsam (Kanadabalsam): Terebinthina canadensis Amer., Engl.

*) Hiezu werden auch andere Koniferen verwendet.

Picea excelsa (Lam.) Lnk. (Pinus Abies L., Pinus excelsa Lam., Abies excelsa Lam. et DC.), Fichte, Rottanne. Mittleres und nordöstliches Europa.

Off.: Das Harz (Burgunderpech)*), Pix burgundica, Belg., Engl., Pez d. Borgonha, Portug., Pece d. Borgogna, Ital., Pez d. Borgogna, Span., Poix de Bourgogne, Frankr.

Fossile Koniferen.

Picea succinifera Conw. (Pinites succinifera Goepp.). Nord- und Ostsee.

Off.: Das fossile Harz (Bernstein): Succinum, Griech., Niederl., Portug., Succin, Rumän., und ein daraus durch trockene Destillation hergestelltes Teerprodukt: Oleo de ambar (Ol. Succini rectificat.), Portug., Pyrol. Succini, Norweg.

Bernstein enthält die Succinoabietinsäure, Borneol (beide auch in Esterform), Succinoresinol-Bernsternsäureester usw. Obsolet.

Unterabteilung. **Angiospermae.** Klasse. **Dicotyledones.**

I. Unterklasse. **Choripetalae.** A. Monochlamydeae.

Reihe. Fagales.

Betulaceae.

Betula pendula Roth (B. verrucosa Ehrh.) und **Betula tomentosa** Reitter et Abel (B. pubescens Ehrh., B. alba L. p. part.), Birke, Baum. Mitteleuropa, nördliches Asien.

Off.: Birkenteer: Ol. Betulae empyreumaticum, Österr., Niederl., Ol. Rusci, Schwz., Pix Betulae liquida, Jap., Rußl.

Eigentümlicher Bestandteil das Pyrobetulin, ferner Guajakol, Kresol, Kreosol und andere Phenole. Anwendung äußerlich bei Hautkrankheiten, technisch zur Fabrikation des Juchtenleders.

Betula lenta L., Nordamerika.

Off.: Das ätherische Öl der Rinde: Ol. Betulae, Amer.

Enthält Methylsalicylat und wird zu Einreibungen wie das Wintergrünöl (s. Gaultheria procumbens!) bei Rheumatismus etc. verwendet.

Fagaceae.

Fagus silvatica L., Buche, Baum. Europa, Kaukasus.

Off.: Produkt der trockenen Destillation des Holzes (Buchenteer): Pix liquida, Österr., Kroat., Ung., Ol. Fagi empyreumatic. depurat., Niederl.

Bestandteile: Harzige und phenolartige Körper, Kreosot. Verwendung äußerlich bei Hautkrankheiten.

---

*) Vergl. auch unter Pinus-Arten, Seite 8.

Quercus Robur L. (Q. pedunculata Ehrh.), Stieleiche, Sommereiche und **Quercus sessiliflora** Salisb., Traubeneiche, Wintereiche. Europa, Westasien.

Off.: 1. Die Astrinde (Eichenrinde): Cort. Quercus, Deutschl., Griech., Kroat., Norweg., Österr., Rußl., Schwz., Ung., Chêne, Frankr., Carvalho (Casca d. ramos), Portug.

Hauptbestandteil: Gerbstoff (Eisengrünende Eichengerbsäure, Gallussäure). Anwendung als Adstringens innerlich und äußerlich. Mehr als Volksmittel.

2. Die Samen (Eichelsamen und Eichelkaffee): Semen Quercus und S. Quercus tostum, Griech., Norweg., Österr., Carvalho (sem.), Portug.

Hauptbestandteil Stärke und Gerbstoff. Anwendung als Eichelkaffee, stopfendes Nährpräparat und Kaffeesurrogat.

Quercus alba L., White Oak, Baum. Nordamerika.

Off.: Die Astrinde: Quercus, Amer.

Bestandteile und Anwendung wie die obigen.

Quercus infectoria Oliv. (Q. lusitanica Lam. var. infectoria A. DC.), Strauch. Östliches Mittelmeergebiet, Syrien, Persien.

Off: Die Gallen (Aleppogallen): Gallae (Galla), Amer., Dänem., Deutschl., Engl., Finnl., Griech., Jap., Kroat., Niederl., Norweg., Österr., Schwz., Serb., Ung., Gallae turcicae, Rußl., Gale turcice, Rumän., Galle d'Alep, Frankr., Noci di galla, Ital., Galhas, Portug., Agalla, Span.

Hauptbestandteil Gallussäure. Anwendung zur Herstellung von Tannin und der Galläpfeltinktur, als Adstringens, technisch zur Herstellung von Tinte etc.

Reihe. Juglandales.

Juglandaceae.

Juglans regia L., Walnußbaum. Wild in Griechenland, Transkaukasien, Himalaja, in Europa allgemein kultiviert.

Off.: 1. Die Blätter (Nußblätter): Fol. Juglandis, Belg., Deutschl., Griech., Österr., Schwz., H. d. nogal, Span., Nogueiro (Folh.), Portug.

Hauptbestandteil: Gerbstoff (Gallussäure) und Juglon. Anwendung als Färbemittel und Adstringens, doch wohl vorwiegend als Volksmittel.

2. Die Samenkerne: Nogueiro (sem.), Portug.

Hauptbestandteil fettes Öl.

3. Das fette Öl der Nußsamen (Nußöl): Ol. d. nozes (Ol. caryinum), Portug.

Fettes, trocknendes Öl.

Reihe. Salicales.

Salicaceae.

Salix alba L., Silberweide. Europa, Asien (und andere S.-Arten).

Off.: Die Zweigrinde (Cort. Salicis, Weidenrinde): Salgueiro (Salix),

Portug., Cort. Salicis (ohne Angabe, von welcher Stammpflanze), Griech.

Enthält Gerbsäure und das Glykosid Salicin (dieses off. in Amer. und Engl.). Anwendung: Früher als Adstringens und (gleich dem Salicin) als Antipyretikum und Antirheumatikum, wie die Chinarinde und das Chinin, jetzt obsolet.

Populus nigra L., Schwarzpappel, Baum. Europa (und andere P.-Arten).
Off.: 1. Die Laubknospen (Gemmae Populi): Yema de alamo negro, Span., Choupo (renovos), Portug., Peuplier noir (bourgeons, d.), Frankr., Plop, Rumän.
2. Die Stengel (Stipites Populi): Choupo (ramos desfolhados) Portug.

Die Pappelknospen enthalten Harz, ätherisches Öl und das Chromogen Chrysinsäure. Anwendung als Pappelsalbe auf Brandwunden (Volksmittel).

Reihe. Urticales.

Moraceae.

Morus nigra L., Schwarze Maulbeere, Baum. Einheimisch in Persien, verwildert in Italien, häufig kultiviert.
Off.: Die frischen Früchte (Maulbeeren): Mora, Span., Mûr, Frankr., Amoras, Portug., daraus Sirup. Mororum, Belg., Österr., Schwz. und Succus Mororum (Zumo de moras), Span.

Bestandteile: Pflanzensäuren und Zucker. Anwendung als geschmackbessernder Zusatz zu Medikamenten.

Dorstenia brasiliensis Lam., ♃., Brasilien, wohl auch D. Contrayerva L. Von Westindien und Mexiko bis Peru.
Off.: Die Wurzel (Bezoarwurzel, Rad. Contrayervae): Raiz de contrayerba, Span., Contraherva, Portug.

Anwendung in ihrer Heimat gegen die Folgen von Schlangenbissen und gegen Fieber, bei uns obsolet.

Ficus Carica (L.) β **domestica** Tschirch et Ravasini, Eßbare Feige, Baum. Östl. Mittelmeergebiet, im ganzen Mittelmeergebiet kultiviert.
Off.: Die Früchte (Fruct. Caricae, Feigen): Ficus, Amer., Engl., Frankr., Figos passados (Caricae), Portug.

Enthalten viel Zucker und dienen als Purgans (Feigensirup). Im Süden Nahrungsmittel, beliebtes Obst.

Ficus elastica Roxb., Gummibaum. Ostindien, Java, und einige andere tropische Ficus-Arten sowie Arten der Gattungen Castilloa, Brosimum, Cecropia liefern Kautschuk (s. Anhang).

Cannabinaceae.

Humulus Lupulus L., Hopfen, Schlingstrauch. Nördl. Halbkugel, außertropisch, alte Kulturpflanze.
Off.: 1. Die unreifen Fruchtstände (Hopfenzapfen): Strobili Lupuli, Griech., Humulus, Amer., Hameiu, Rumän., Lupulus, Engl., Niederl. Lupulo, Portug., Span. (Fruto d. l.), Houblon, Frankr.

2. Das von den Hopfenzapfen abgesiebte Hopfenmehl: **Glandulae Lupuli**, Finnl., Niederl., Österr., Schwz., **Lupulinum**, Engl., Amer., **Luppulino**, Ital.

Das Hopfenmehl enthält die Hopfenbittersäure sowie ätherisches Öl und Harz. Anwendung als Amarum und Sedativum. Gegenwärtig nur selten verordnet.

Cannabis sativa L., ☉, Hanf. Heimat wahrscheinlich Zentralasien, sowohl in den Tropen als der gemäßigten Zone viel kultiviert.

Off.: 1. Früchte (Hanffrüchte, fälschlich Hanfsamen): **Fruct. Cannabis**, Griech., Norweg., Rußl., Schwz., **Canhamo**, Portug., **Canepa**, Rumän.

Hauptbestandteil fettes Öl, Anwendung zu Emulsionen, Umschlägen etc.

2. Die weiblichen Blütenstände der in Indien kultivierten Form (Cannabis indica Lam.): **Herb. Cannabis indicae**, Belg., Finnl., Griech., Jap., Niederl., Österr., Rußl., Schwz., Ung., **Cannabis indica**, Amer., Engl., Kroat., Serb., **Canape indica**, Ital., **Canhamo indiano e europeu**, Portug.

Ein daraus bereitetes Extrakt (**Extract. Cannabis indicae**) ist in mehreren Pharmakopöen angeführt, in welchen die Droge offizinell ist, ferner in Rumän.

Die Droge enthält ein giftiges Harz (in Indien Charas oder Churus). Hauptbestandteile sind ein Glykosid Cannabin und dessen Spaltungsprodukt, der Phenolaldehyd Cannabinol, ferner Tetanocannabin, Cannabindon etc. Anwendung in Indien, Persien usw. zur Herstellung des Haschisch, medizinisch selten, als Hypnotikum und Sedativum, hauptsächlich als Antiasthmatikum zu Asthmazigaretten.

Ulmaceae.

Ulmus campestris L., Ulme, Rüster, Baum. Europa.

Off.: Die Astrinde (Cort. Ulmi): **Olmo**, Portug., **Cort. Ulmi** (ohne Bezeichnung der Stammpflanze), Griech.

Chemisch wenig bekannt, Hauptbestandteil wohl Schleim. Anwendung als Mucilaginosum. Ebenso:

Ulmus fulva Michx. (Slippery elm). Nordamerika.

Off.: Die Astrinde: **Ulmus**, Amer.

Anwendung in Amerika als Mucilaginosum, zu Umschlägen und als Nahrungsmittel.

Urticaceae.

Urtica membranacea Poir. (U. caudata Vahl, U. lusitanica Brot.), Brennessel, ☉. Südeuropa.

Off.: Das Kraut: **Ortiga (Urtica)** Portug.

Im Süden als Aphrodisiakum und bei Brustkrankheiten als Volksmittel. Vielleicht auch wie **Urtica dioica** L. u. **U. urens** L.

Diese sind als „Herb. Urticae" innerlich als Diuretikum, äußerlich frisch als hautreizendes Mittel (so als Volksmittel) im Gebrauch.

Parietaria officinalis L., ⚄|., Glaskraut. Mitteleuropa, Mittelmeergebiet und **Parietaria lusitanica** L., Südeuropa.

Off.: Das Kraut (Herb. Parietariae): Parietaria (Helxine), Portug. Volksmittel. Soll diuretisch wirken.

Reihe. Santalales.

Santalaceae.

Santalum album L., Ostindien, Indischer Archipel, **Santalum Freycinetianum** Gaud., Sandwichinseln, und mehrere andere S.-Arten, Bäume.

Off.: 1. Das Holz (Lign. Santali albi oder citrini, weißes oder gelbes Santelholz): Leño de santalo cetrino, Span., Santal citrin, Frankr.

2. Das ätherische Öl aus dem Holz (Santelöl): Ol. Santali, Amer., Deutschl., Engl., Jap., Kroat., Niederl., Österr., Rußl., Schwz., Serb., Ol. Santali orientalis, Norweg., Aetherol. Santali, Dänem., Schwd., Ess. Santali, Belg., Ess. d. sandolo, Span., Ess. d. santal, Frankr.

Bestandteile: Santalol (Gemenge von Sesquiterpenalkoholen), Santalen (Sesquiterpene), Santalal (Aldehyd) usw. Verwendung, innerlich hauptsächlich bei Gonorrhöe und Blasenleiden.

Loranthaceae.

Viscum album L., Mistel, Strauch. Europa, Asien.

Off.: Viscum album (ohne Angabe des Pflanzenteiles), Griech.

Anwendung: Früher wurden die Zweigspitzen gegen Epilepsie empfohlen.

Reihe. Polygonales.

Polygonaceae.

Rheum palmatum L., **Rheum tanguticum** (Maxim.) Tschirch (Rheum. palmat. L. β-tanguticum Maxim.) u. wohl auch **Rheum officinale** Baill. ⚄|.. Tibet und nordwestliches China, kultiviert in China und stellenweise in Europa.

Off.: Der geschälte Wurzelstock (Rhabarber): Rhiz. Rhei, Dänem., Deutschl., Finnl., Norweg., Rußl., Schwd., Schwz., Ung., Rad. Rhei, Belg., Engl., Griech., Jap., Niederl., Österr., Rheum, Amer., Kroat., Serb., Revent, Rumän., Rabarbero, Ital., Ruibarbo und R. tostado, Span., Rhuibarbo, Portug., Rhubarbe de Chine, Frankr.

Hauptbestandteile: Abführend wirkende Anthraglukoside und ihre Spaltungsprodukte, d. i. Chrysophaneïn (Glykosid) und dessen Spaltungsprodukt Chrysophansäure (Dioxymethylanthrachinon), Rheum-Emodin (Trioxymethylanthrachinon), Rheïn, Chrysophanol usw. Viel benütztes Purgans, auch als Tonikum.

Rheum Rhaponticum L., Rhapontik, ♃.. Kleinasien, Kaukasus, südl. Sibirien, in Europa kultiviert.

Off.: Der Wurzelstock (Rad. od. Rhiz. Rhei Rhapontici): Rhapontic, Frankr. Anwendung wie vorige in der Tierheilkunde und technisch als Färbemittel. Enthält Rhaponticin (Rhapontin und Ponticin).

Polygonum Bistorta L., Krebswurz, Nattern-, Schlangenwurz. ♃.. Arktische und nördl. gemäßigte Zone.

Off.: Der Wurzelstock: Rhiz. Bistortae, Belg., Griech., Bistorta, Portug., Bistorte, Frankr.

Enthält viel Gerbstoff und wird nur mehr selten als Adstringens verwendet (Volksmittel).

Polygonum aviculare L., Vogelknöterich. Fast kosmopolitisches Unkraut, ⊙.

Off.: Das blühende Kraut: Herb. Polygoni, Österr.

Enthält Gerbstoff. Viel verwendetes Volksmittel und Geheimmittel (Homeriana-Tee) bei Tuberkulose, Adstringens.

Reihe. Piperales.

Piperaceae.

Piper nigrum L., Pfeffer, Strauch. Indisch-malaiisches Gebiet, in den Tropen kultiviert.

Off.: Die unreifen Früchte (Schwarzer Pfeffer): Fruct. Piperis nigri, Griech., Jap., Österr., Fruct. Piperis, Belg., Piper nigrum, Engl., Piper, Amer., Pimenta, Portug.

Enthält ätherisches Öl, Piperin (Alkaloid) etc. Anwendung: Manchmal noch als Fiebermittel, häufiger äußerlich zu hautreizenden Präparaten. Wichtiges Gewürz.

Piper officinarum (Miq.) Cas. DC. (Chavica officinarum Miq.), Strauch. Sundainseln, und **Piper longum** L., Strauch. Im ganzen indisch-malaiischen Gebiet.

Off.: Die Fruchtähren (langer Pfeffer): Poivre long, Frankr., Pimenta longa, Portug.

Verwendung wie schwarzer Pfeffer.

Piper angustifolium Ruiz et Pav. (Arthante elongata Miq.), Strauch. „Matiko". Südamerika (Peru).

Off.: Die Blätter (Fol. Matico): Fol. Maticae, Griech., Matico, Amer., Portug., Rumän.

Wesentlicher Inhalt ätherisches Öl (enthält Matikokampfer). Wird verwendet bei Blasenkrankheiten, Gonorrhöe etc. als Adstringens.

Piper Cubeba L. fil. (Cubeba officinalis Miq.), Strauch. Inseln des Indischen Archipels, dort und in Westindien kultiviert.

Off.: 1. Die unreifen Früchte (Kubeben): Fruct. Cubebae, Belg., Dänem., Engl., Finnl., Griech., Niederl., Norweg., Österr., Rußl., Schwd., Schwz., Ung., Cubebae, Amer., Deutschl., Jap., Kroat., Serb., Cubeb,

Rumän., Cubebas, Portug., Semilla de cubeba, Span., Cubèbe, Frankr., Pepe cubebe, Ital.

2. Das ätherische Öl aus den Früchten: Ol. Cubebae, Amer., Engl., Ess. d. cubebas, Portug.

Wirksamer Bestandteil: Kubebenharzsäure, Kubebin. Anwendung: Früchte und Öl bei Gonorrhöe, Blasenkatarrh, Volksmittel gegen Kopfweh, früher Gewürz.

Reihe. Hamamelidales.

Hamamelidaceae.

Hamamelis virginiana L. Witchhazel, Strauch. Nordamerika.

Off.: Die Blätter: Fol. Hamamelidis, Amer., Belg., Engl., Griech., Jap., Norweg., Österr., Schwd., Schwz., Hamamelis (H. d.), Span., Hamamel virginic (foi), Rumän., Hamamelis de Virginie, Frankr.

2. Die Rinde: Cort. Hamamelidis, Amer., Engl., Hamamelis (Cort.), Span., Hamamel virginic (Coje), Rumän.

3. Die Frucht: Hamamel Virginic (fructe), Rumän.

Wirksamer Bestandteil der Blätter und der Rinde Hamamelitannin, ein Gerbstoff. Anwendung als Hämostatikum, besonders bei Uterusblutungen, bei Hämorrhoiden etc.

Liquidambar orientalis Mill., Styraxbaum. Kleinasien.

Off.: Der Harzbalsam (Wundharz) Styrax oder Storax: Styrax, Amer., Griech., Niederl., St. crudus und depuratus, Deutschl., St. liquidus, Belg., Jap., Kroat., Rußl., Schwz., Serb., Ung., Stirax licuid, Rumän., Styr. praeparatus, Engl., Bals. Styr. liquidus, Dänem., Norweg., Österr., Schwd., Styrax liquide, Frankr., Storace liquido, Ital., Estoraque liquido, Span., Portug.

Hauptbestandteile Zimtsäure und Ester wie Styracin (Zimtsäurezimtester) und Cinnameïn Zimtsäurebenzylester), ferner Storesinol (ein Harzalkohol), Vanillin usw. Anwendung wohl nur mehr äußerlich, besonders bei Krätze etc.

Liquidambar styraciflua L., Amerikanischer Storaxbaum. Von Zentralamerika durch das ganze atlantische Nordamerika.

Off.: Der Harzbalsam (Sweet gum): Liquidambar, Portug.

(Der als Synonym für Liquid. styraciflua von der portug. Pharmakopöe angeführte Name: L. macrophylla Örst gehört einem in Zentralamerika verbreiteten, mit L. styraciflua wohl sehr nahe verwandten, doch nicht identischen Baume an.)

Hauptbestandteile Styrol, Styracin, freie Zimtsäure etc. Anwendung: In Amerika als Kaumittel, medizinisch wohl ganz obsolet und im Handel echt nur schwer erhältlich.

Reihe. Tricoccae.

Euphorbiaceae.

Croton Eluteria (L.) Benn., Strauch. Bahamainseln.

Off.: Die Rinde: Cort. Cascarillae, Dänem., Deutschl., Finnl.,

Griech., Jap., Niederl., Norweg., Österr., Rußl., Schwd., Schwz., Cascarilla, Engl., Ital., Portug., Cascarila, Rumän.

Hauptbestandteil: Ätherisches Öl und ein Bitterstoff (Cascarillin). Anwendung ursprünglich als Fiebermittel, gegenwärtig noch als Amarum (Stomachicum).

Croton Tiglium L., Baum oder Strauch. Tropisches Asien, dort häufig kultiviert.

Off.: 1. Die Samen (Purgierkörner) †: Sem. Crotonis, Niederl., Schwd., Sem. d. croton tiglio, Span., Croton, Frankr., Portug.

Wirksamer Bestandteil fettes Öl und Krotin (ein Blutgift), Anwendung äußerlich als hautreizendes Mittel (Volksmittel bei Rheuma).

2. Das fette Öl der Samen (Krotonöl) †: Ol. Crotonis, Belg., Dänem., Deutschl., Engl., Finnl., Jap., Kroat., Niederl., Norweg., Österr., Rußl., Schwd., Schwz., Serb., Ol. Tiglii, Amer., Ol. d. croton tigliu, Rumän., Ol. d. croton, Portug., Ac. d. croton tiglio, Span., Ol. d. crotontiglio, Ital., Huile de croton, Frankr.

Hauptbestandteil Glyceride verschiedener Fettsäuren, darunter der Krotonolsäure, wirksam wahrscheinlich das Krotonharz (Lakton). Anwendung: Innerlich als Drastikum, äußerlich zu Einreibungen bei Rheuma etc. Sehr stark hautreizend.

Mercurialis annua L., Bingelkraut, ⊙. Verbreitetes Unkraut in Europa, in anderen Gebieten verschleppt.

Off.: Das blühende Kraut (Herb. Mercurialis): Mercuriale annuelle, Frankr., Mercurial, Portug. (Hier als 2. Stammpflanze auch angeführt: **M. ambigua** L. fil., Südeuropa).

Enthält angeblich Indigo, ist wohl gänzlich, auch als Volksmittel („Bengelkraut" = zur Erzeugung von Knaben dienlich) obsolet; früher als schwaches Purgans und Emolliens angewendet gewesen.

Mallotus philippinensis (Lam.) Müll. Argov. (Rottlera tinctoria Roxb.), Baum. Tropisches Asien, Afrika und Australien.

Off.: Der drüsig-haarige Überzug der Fruchtkapseln: Kamala, Deutschl., Griech., Ital., Jap., Kroat., Österr., Portug., Schwd., Schwz., Kamala venale und K. depuratum, Ung., Glandulae Rottlerae, Rußl., Glandulae Kamala, Finnl.

Wirksamer Bestandteil: Harz, darin das Rottlerin. Wird als Bandwurmmittel verwendet. In Indien auch technisch als Farbstoff.

Ricinus communis L. (in zahlreichen Varietäten), ⊙, in heißen Ländern strauchartig. Einheimisch wahrscheinlich in Afrika, durch die Kultur in allen wärmeren Ländern verbreitet.

Off.: 1. Die Samen (Sem. Ricini) †: Sem. d. ricino, Span., Ricino, Ital., Ricin, Frankr., Ricino (Sem.), Portug.

2. Die Blätter: Ricino (Folh.), Portug.

3. Das fette Öl der Samen (Ricinus- oder Castoröl): Ol. Ricini, Amer., Belg., Dänem., Deutschl., Engl., Finnl., Griech. Jap., Kroat., Niederl., Norweg., Österr., Rußl., Schwd., Schwz., Serb., Ung., Ol. d. ricino,

Ital., Portug., Ac. d. ricino, Span., Ol. d. ricina, Rumän., Huile d. ricin, Frankr.

Bestandteile: Glyceride von Fettsäuren, wirksam das Triglycerid der Ricinolsäure. In den Samen das sehr giftige Ricin. Anwendung: Das Öl als mildes Purgans.

Manihot utilissima Pohl (Jatropha Manihot L.), Maniok- oder Cassavestrauch. Alte Kulturpflanze in Brasilien, Mexiko und auf den Antillen, durch Kultur im tropischen Afrika und in Asien verbreitet.

Off.: Das Mehl der gerösteten, frisch giftigen Wurzeln (Maniok, Mandiok, Cassave) und die Stärke daraus (Tapioka, westindisches Arowroot): Mandioca (farinha e fecula ou amido.), Portug.

Anwendung: In den Tropen eines der wichtigsten Nahrungsmittel der Eingeborenen. Medizinisch als „Arowroot" in der Kinderpraxis; Tapioka auch als Nahrungsmittel bei uns.

In gleicher Weise liefern Maniok die weniger giftige Manihot palmata (Velloz) Müll. Argov., var. Aipi Pohl (Süße Mandioka) und einige weniger bekannte Arten.

Stillingia silvatica L., ♃., Queens-root. Südliche Vereinigte Staaten von Amerika.

Off.: Die Wurzel: Stillingia. Amer.

Wesentlicher Bestandteil ein nicht näher untersuchtes Harz (Silvacrol). Anwendung als Emeticum.

Hura crepitans L. var. **genuina** Müll. Argov. (H. brasiliensis Willd.), Sandbüchsenbaum (von der Form der Früchte). Tropisches Amerika, als Zierbaum auch in den Tropen der Alten Welt.

Off.: 1. Die Rinde (Cort. Hurae) †: Assacu (casca), Portug.

2. Der Milchsaft † Assacu (succo leitoso), Portug.

Beide wohl obsolet. Die Rinde wirkt stark drastisch, der Milchsaft diente als Wurmmittel und zum Betäuben der Fische. Er enthält Hurin — angeblich ein Blutgift.

Euphorbia resinifera Berg., Strauch. Nordwestafrika.

Off.: Der eingetrocknete Milchsaft †: Euphorbium: Belg., Dänem., Deutschl., Griech., Kroat., Norweg., Schwd., Schwz., Serb., Ung., Euphorbe, Frankr., Euforbio, Ital., Span., Euphorbio, Portug., (hier auch von E. canariense L.), Euforbiu, Rumän., Gummires. Euphorbium, Finnl., Österr., Rußl.

Wirksamer Bestandteil ein Harz, darin die Euphorbinsäure; kein Gummi enthalten. Anwendung als hautreizendes Mittel zu Pflastern.

Hevea guyanensis Aubl. und **H. brasiliensis** (Kth.) Müll. Argov., **Manihot Glazlovii** Müll. Argov., Südamerika, in den Tropen kultiviert, liefern Kautschuk (s. Anhang).

Buxaceae.

Buxus sempervirens L. var. **arborescens** L. und var. **suffruticosa** L., Buchsbaum, Strauch. Südeuropa, Orient, allgemein als Gartenpflanze kultiviert.

Off.: Die Wurzelrinde (Cort. Buxi) †: Buxo, Portug.
Enthält einige Alkaloide (Buxin, Parabuxin usw.) und wurde früher bei Rheuma, Syphilis etc. angewendet.

Reihe. Centrospermae.

Chenopodiaceae.

Chenopodium ambrosioides L., ⊙, Mexikanisches Traubenkraut. Mexiko, in Europa kultiviert und manchmal verwildert.
Off.: Das blühende Kraut (Jesuitentee): Herb. Chenopodii, Österr., Chenopodiu, Rumän.
Enthält ein ätherisches Öl. Anwendung wohl nur mehr als Volksmittel gegen Würmer und als Nervinum.
Chenopodium anthelminthicum L., ♃.. Südliche Vereinigte Staaten von Amerika, Westindien, Südamerika.
Off.: Das ätherische Öl aus dem Kraut und den Samen (Amerikan. Wurmsamen-Öl): Ol. Chenopodii, Amer.
Als Wurmmittel (gegen Askariden) geschätzt.

Phytolaccaceae.

Phytolacca decandra L., Kermesbeere, ♃.. Nordamerika, in Europa häufig kultiviert, im Mittelmeergebiet verwildert.
Off.: Die Wurzel (Rad. Phytolaccae): Phytolacca, Amer.
Hauptbestandteile ein saponinähnliches Glykosid und das Alkaloid Phytolaccin. Die Droge wurde in neuerer Zeit bei Syphilis und Skorbut empfohlen. Die Beeren sind ein bekanntes Färbemittel.
Phytolacca esculenta van Houtte ♃.. Vorderindien, China, Japan. Die jungen Sprosse eßbar.
Off.: Die Wurzel: Rad. Phytolaccae, Japan.

Caryophyllaceae.

Saponaria officinalis L., Seifenkraut, ♃.. In fast ganz Europa und Vorderasien, auch kultiviert (Deutschland, Ungarn).
Off.: Die Wurzeln (Rad. Saponariae rubrae, Seifenwurzel): Rad. Saponariae, Griech., Saponaire, Frankr., Saponaria, Rumän., Saboeira, Portug.
Hauptbestandteil Saponin (Glykosid), bzw. Saporubrin (Methylsapotoxin). Anwendung selten, als Expektorans oder Diuretikum ähnlich der Rad. Senegae. Technisch wie Seife zum Waschen.

(Als levantinische Seifenwurzel sind im Handel anzutreffen die Wurzeln von Gypsophila Arrostii Guss. und G. paniculata L., Südeuropa, Orient, beide ♃..)

Spergularia campestris (L.) Aschers. (Arenaria rubra, α campestris L., Spergularia rubra [L.] Pers.) Salzmiere, ⊙ und ⊙. Fast kosmopolitische Pflanze.

Off.: Das Kraut (Herb. Arenariae rubrae): Arenaria roja, Span. Wurde in neuerer Zeit als Diuretikum bei Blasenkartarrh, Harngries etc. (wie die Herniaria) empfohlen.

Paronychia argentea Lam., ⚴.. Südeuropa, Nordafrika.

Off.: Die Blüten: Flor d. Sanguinaria menor (Fl. Sanguinariae minoris) Span.

Anwendung wohl nur als Volksmittel (angeblich Diaphoretikum, Febrifugum und Teesurrogat, afrikanischer Tee).

Herniaria glabra L. und **Herniaria hirsuta** L., Bruchkraut, ⚴.. Europa, H. hirsuta auch in Südafrika.

Off.: Das blühende Kraut: Herb. Herniariae, Österr., Herniaria, Serb.

Enthält Herniarin (Methyläther d. Umbelliferon) und ein saponinähnliches Glykosid. Anwendung: Noch immer recht beliebtes Diuretikum bei Urogenitalkrankheiten. Auch Volksmittel.

B. Dialypetalae.

Reihe. Polycarpicae.

Magnoliaceae.

Illicium verum Hook. (I. anisatum Gaertner non Linné), Baum in China, dort auch kultiviert.

Off.: 1. Die Früchte (Badian, Sternanis): Fruct. Anisi stellati, Griech., Österr., Schwd., Schwz., Rußl., Ung., Anason-stelat, Rumän., Aniz estrellado, Portug., Anice stellato, Ital., Badiane de Chine, Frankr.

Hauptbestandteil: Ätherisches Öl (s. u.!).

2. Das ätherische Öl der Früchte (Sternanisöl): Ess. d. badiane, Frankr.

Enthält Anethol wie das Öl von Pimpinella Anisum. Verwendung als volkstümliches Carminativum, bei Koliken etc., hauptsächlich aber in der Likörfabrikation (Anisette).

Drimys Winteri Forst., Baum. In mehreren Varietäten von der Magelhäensstraße bis Mexiko, Gebirge.

Off.: Die Rinde (Winterrinde, Cort. Winteranus), Écorce de Winter, Frankr.

Enthält ätherisches Öl und darin den Kohlenwasserstoff Winteren. Gegenwärtig wohl obsolet, in Südamerika Volksmittel bei Skorbut etc.

Myristicaceae.

Myristica fragrans Houtt. (M. moschata Thunb.), Muskatnußbaum. Einheimisch auf den Molukken und im westlichen Teil von Neu-Guinea, kultiviert allgemein in den Tropen, besonders auf den Molukken, (Bandainseln), Sumatra, Penang, Singapore und Malakka, auf den Maskarenen, Sansibar, in Westindien und Brasilien.

Off.: 1. Die Samenkerne (Muskatnüsse): Sem. Myristicae, Belg., Deutschl., Griech., Jap., Niederl., Österr., Rußl., Schwd., Schwz., Nux moschata, Ung., Noce moscata, Ital., Nuca moschata, Rumän., Nuez moscada, Span., Noz moschada, Portug., Myristica, Amer., Engl., Myristica fragrans, Kroat., Serb., Musquade de moluques, Frankr.

Hauptbestandteil: Fettes und ätherisches Öl (s. u.!).

2. Der Samenmantel (Muskatblüte des Handels): Macis, Frankr., Griech., Rußl., Arillus Myristicae, Österr., Noz moschada-arillo, Portug.

Hauptbestandteil: Ätherisches Öl (s. u.!).

3. Das ätherische Öl der Samen (Muskatnußöl): Ol. Myristicae aethereum, Jap., Ol. Myristicae, Amer., Engl., Ess. Myristicae, Belg., Ess. de noz moschada, Portug.

4. Das Samenfett (Muskatbutter): Ol. Myristicae, Schwz., Ol. Myristicae expressum, Niederl., Österr., Ol. Nucistae, Deutschl., Ol. d. nucşore, Rumän., Beurre d. muscade, Frankr.

5. Das ätherische Öl des Samenmantels (Macisöl): Ol. Macidis, Kroat., Niederl., Österr., Rußl., Schwz., Serb., Ätherol. M., Norweg., Ol. d. noz moschada, Portug.

Hauptbestandteile der Muskatbutter neben ätherischem Öl Myristicin; im Macisöl d-Pinen und d-Camphen neben Eugenol, Dipenten und anderen Phenolen und Terpenen. Anwendung: Die Muskatnüsse als Gewürz und zur Darstellung der erwähnten Drogen, beim Volke auch mißbräuchlich als Abortivum; die ätherischen Öle hauptsächlich zu Mundwässern etc., Muskatbutter als wohlriechender, etwas hautreizender Bestandteil von Salben und Pflastern.

Canellaceae.

Canella alba Murr. (Winterana Canella L.), Baum. Antillen, Florida.

Off.: Die Zweigrinde (weißer Zimt, Cort. Canellae albae, auch Cort. Winteranus spurius): Canella branca, Portug.

Enthält ätherisches Öl. Aromatikum, wird als Gewürz wie Zimt verwendet.

Monimiaceae.

Peumus Boldus Mol., Strauch. Chile.

Off.: Die Blätter: Fol. Boldo, Griech., H. d. boldo, Span.

Enthalten ätherisches Öl, darin Cymol und Cineol.

Anwendung gegen Rheuma, Gonorrhöe, Dyspepsie. Vielleicht gegen Askariden wirksam.

Lauraceae.

Cinnamomum Camphora (L.) Nees v. E. et Eberm. (Laurus Camphora L.), Kampferbaum. China (Küstengebiet), Japan, Formosa, kultiviert in Formosa, versuchsweise auch in anderen wärmeren Gebieten.

Off.: Das feste Destillationsprodukt aus dem Holze (Kampfer, Japankampfer, chinesischer Kampfer): Camphora, in allen Pharmakopöen (Canfora, Ital., Camfor, Rumän., Camphre du Japon, Frankr.).

Kampfer ist ein Keton. Anwendung: Innerlich oder subkutan als Analeptikum bei Kollaps, häufig äußerlich zu hautreizenden, schmerzstillenden Präparaten, so auch beliebtes Volksmittel bei Rheumatismus, Zahnschmerzen etc.

Cinnamomum Cassia (Nees v. E.) Blume (Cinnamomum aromaticum Nees v. E.), Zimtbaum oder -strauch. China, dort und in Japan, auf den malaiischen Inseln in Mexiko, Südamerika kultiviert.

Off.: 1. Die geschälte Rinde (Zimtrinde, chinesischer Zimt, Zimtkassie, Cassia vera oder Cassia lignea): Cort. Cinnamomi chinensis, Schwz., Cort. Cinnamomi, Belg., Finnl., Jap., Ung., Cort. Cinnamomi Cassiae, Rußl., Cinnamomum, Kroat., Scortisióra, Rumän., Canella d. la China, Span.

Wesentlicher Bestandteil ätherisches Öl (Zimtöl, s. u.!). Zimt wird in der Pharmazie hauptsächlich als aromatischer Zusatz zu Präparaten verwendet. Beim Volk gilt Zimt auch als Abortivum.

2. Das ätherische Öl dieser und der folgenden Art (Zimtöl, Zimtkassienöl): Ol. Cinnamomi Cassiae, Kroat., Ung., Ol. Cinnamomi, Amer., Deutschl., Engl., Jap., Niederl., Schwz., Serb., Ol. d. cinamomiu, Rumän., Ess. Cinnamomi, Belg., Ess. d. cannella, Ital., Portug., Span., Ess. d. canelle d. Ceylan, Frankr., Aetherol. Cassiae, Norweg.

3. Der sauerstoffhältige Anteil des Öls (Zimtaldehyd): Cinnamalum, Österr., Schwd.

Hauptbestandteil des Öls: Zimtaldehyd. Anwendung hauptsächlich als aromatischer und antiseptischer Zusatz zu Mundwässern etc.

Zimtrinden minderer Qualität (z. B. Malabarzimt oder Mutterzimt, Cort. Cinnamom. malabarici) liefern auch: Cinnamomum Tamala (Spruce) Nees et Eberm., C. pauciflorum Nees, C. Burmanni Blume, von den malaiischen Inseln.

Unbekannt ist die Stammpflanze des ungeschälten Saigonzimts: Cinnamomum saigonicum, Amer., der aus Cochinchina in den Handel kommt.

Cinnamomum ceylanicum Blume (Laurus Cinnamomum L.), Baum, als Strauch kultiviert. Ceylon, Südindien, dort und auf Java, Sumatra, Westindien und in Südamerika kultiviert.

Off.: Die geschälte Rinde (Ceylonzimt, Kaneel): Cort. Cinnamomi ceylanici, Dänem., Norweg., Schwd., Schwz., Cort. Cinnamomi, Belg., Deutschl., Engl., Griech., Niederl., Österr., Cinnamomum ceylanicum, Amer., Cinnamomum, Serb., Canela de Ceylán, Span., Canelle de Ceylan, Frankr., Cannella, Ital., Canella, Portug.

Bestandteile und Anwendung wie chinesisches Zimt. Ist die feinere Sorte und weniger häufig verfälscht. Zimtöl s. o.!

Nectandra Rodiaei Schomb., Baum in Englisch-Guyana.

Off.: Die Rinde (Cort. Bibiru oder Bebeeru): Beberu, Portug.

Hauptbestandteil das Alkaloid Bibirin (**Bebeerin**, off. in Portug.), welches auch in Rad. Pareirae bravae (s. d.!) vorkommt. Es soll identisch mit Buxin (s. Buxus!) sein. Anwendung: Gegen Wechselfieber; speziell das Alkaloid auch in neuerer Zeit empfohlen.

Nectandra Puchury major Nees v. E. (Ocotea Puchurim major Mart.). Baum in Brasilien.

Off.: Die Samenkerne (Fabae Pichurim majores, Pichurimbohnen): Pechorim, Portug.

Enthalten ätherisches Öl (darin Safrol?) und Fett und werden in ihrer Heimat bei Verdauungsbeschwerden etc. und ähnlich den Muskatnüssen verwendet.

Hieher gehören auch die Fabae Pichurim minores, welche von Nectandra Puchury minor Nees v. E. abstammen, aber in der Pharm. Port. nicht angeführt sind.

Sassafras officinale Nees v. E. (Sassafras variifolium [Salisb.] O. Ktze., Laurus Sassafras L.). Sassafrasbaum. Östliches Nordamerika von Kanada bis Florida.

Off.: 1. Das Wurzelholz (Fenchelholz): Rad. Sassafras, Engl., Österr., Lign. Sassafras (ohne Rinde!), Deutschl., Griech., Jap., Niederl., Sassafras, Amer., Sassafraz, Portug., Sasafras, Rumän., Leño d. sasafrás, Span.

2. Die Wurzelrinde: Cort. Sassafras, Schwz.

3. Mark der Äste: Sassafras medulla, Amer.

4. Das ätherische Öl des Holzes und der Rinde (Sassafras-Öl): Ol. Sassafras, Amer., Ess. d. sassafras, Span., Portug.

Hauptbestandteil der Rinde und des Holzes: Das ätherische Öl, darin Safrol, Phellandren, Eugenol usw. Anwendung: Ursprünglich gegen Syphilis, gegenwärtig hauptsächlich als Bestandteil sogenannter blutreinigender Teegemenge bei Rheuma etc. Häufig in volkstümlichen Präparaten. Medulla Sassafr. enthält Schleim und wird in Amerika als Mucilaginosum verwendet.

Laurus nobilis L., Lorbeer, Baum oder Strauch. Einheimisch in Kleinasien und Südeuropa, im Mittelmeergebiet kultiviert, in England stellenweise verwildert.

Off.: 1. Die Blätter: Fol. Lauri, Griech., H. d. laurel, Span.

Enthalten ätherisches Öl. Beliebtes Gewürz, obsolet, höchstens als Volksmittel noch verwendet.

2. Die Früchte (Lorbeerfrüchte): Fruct. Lauri, Belg., Deutschl, Griech., Österr., Rußl., Lauro, Ital., F. d. laurel, Span., Laurier commun, Frankr.

Enthalten fettes Öl (s. Ol. Lauri) und ätherisches Öl, dienen zur Herstellung des Lorbeerfettes. Volksmittel und Tierheilmittel. Früher ab und zu als Diuretikum oder Stomachikum verwendet.

3. Das fette Öl der Früchte (Lorbeerfett): Ol. Lauri, Belg., Deutschl., Finnl., Jap., Kroat., Niederl., Norweg., Österr., Rußl., Schwz., Serb., Ol. d. lauro, Ital., Ol. d. dafin, Rumän., Ol. Lauri pressum, Ung., Ol. d. loureiro, Portug.

Enthält hauptsächlich Laurostearin (Glycerid der Laurinsäure), ätherisches Öl, Myricilalkohol, Lauran (Kohlenwasserstoff) etc. Anwendung: Ziemlich beliebtes Volksmittel, z. B. gegen Ungeziefer, zu Einreibungen bei Kolik, besonders in der Tierheilkunde.

Aristolochiaceae.

Asarum europaeum L., Haselwurz, ⚄.. Europa, Sibirien.

Off.: Der Wurzelstock †: Rhiz. Asari, Griech., Schwz.

Enthält ätherisches Öl, darin das Asaron (Haselwurzkampfer). Anwendung als Nießpulver, früher als Emetikum, Volksmittel bei Gicht, angeblich auch diuretisch.

Aristolochia longa L., ⚄.. Südeuropa.

Off.: Die Wurzelknollen (Tub. Aristolochiae longae): Estrellamin (Aristolochia), Portug.

Enthalten: Aristolochin (bitteres Alkaloid). Früher als Emenagogum bei Menstruationsbeschwerden und als Bittermittel, gegenwärtig obsolet.

Aristolochia Serpentaria L., ⚄., Schlangenwurzel, Snakeroot. Nordamerika, am östlichen Mississippi und in Texas.

Off.: Der Wurzelstock: Rhiz. Serpentariae, Engl., Rad. Serpentariae, Griech., Jap., Serpentaria, Amer. (neben Arist. reticulata).

Aristolochia reticulata Nutt., ⚄.. Nordamerika, am westlichen Mississippi.

Off.: Der Wurzelstock mit den Wurzeln: Serpentaria, Amer. (neben A. Serpentaria).

Rhiz. Serpentariae enthält ein ätherisches Öl, darin Borneol, ferner Aristolochin (Serpentarin). Anwendung: Volksmittel in Amerika gegen Schlangenbiß, früher auch ähnlich dem Baldrian als Nervinum. Gegenwärtig obsolet.

Menispermaceae.

Anamirta Cocculus (L.) Wight. et Arn. (Anamirta paniculata Colebr.), Kletterstrauch. Indo-malaiisches Gebiet.

Die Früchte (Kokkelskörner, Fructus Cocculi) enthalten das bittere Alkaloid (nicht einheitlich) †: Pikrotoxin, Engl.

Pikrotoxin ist ein sogenanntes Krampfgift und wurde früher gegen Lähmungen empfohlen. Gegenwärtig wird es medizinisch wohl kaum noch angewandt. Die Früchte als Fischgift und zur Bierverfälschung.

Jatrorrhiza (Jateorrhiza) palmata (Lam.) Miers (J. Columba Miers, Cocculus palmatus DC.), Schlingstrauch. Südostafrikanisches Küstengebiet, auch kultiviert.

Off.: Die Wurzel: Rad. Calumbae, Dänem., Engl., Niederl., Österr., Schwd., Schwz., Ung., Rad. Colombo, Deutschl., Griech., Jap., Colombo, Ital., Frankr., R. d. Colombo, Span., Rad. Columbo, Belg., Finnl., Norweg., Rußl., Columbo, Rumän., Calumba, Amer., Kroat., Portug.

Enthält nach neueren Untersuchungen einen Bitterstoff Columbin und mehrere Alkaloide: Jatrorrhizin, Columbamin, Palmatin, aber kein Berberin. Anwendung als Amarum und Mucilaginosum nach Dysenterie.

Chondrodendron tomentosum Ruiz et Pav., Schlingstrauch. Brasilien, Peru.

Off.: Die Wurzel: Rad. Pareirae (bravae), Amer., Engl.

Enthält das Alkaloid Pelosin, welches identisch ist mit dem Bibirin (Bebeerin) der Cortex Bibiru (s. d.). Anwendung: Als Diuretikum bei chronischem Blasenkatarrh, Lithiasis etc., in Amerika und England ziemlich beliebt.

Chondrodendron platyphyllum (St. Hil.) Miers (Cissampelos Pareira L., Cocculus platyphylla St. Hil.), Tropen.

Off.: Die Wurzel (falsche Pereirawurzel): Butua (Pareira), Portug.

Enthält ein Alkaloid. Anwendung wie die echte Pereirawurzel, für die sie manchmal unterschoben wird.

Berberidaceae.

Podophyllum peltatum L., May-apple, ♃.. Nordamerika.

Off.: 1. Der Wurzelstock mit den Stengeln: Rhiz. Podophylli, Belg., Engl., Niederl., Rad. Podophylli, Griech., Podophyllum, Amer., Podofillo, Ital., Span. (R. d. pod.), Podophyllo, Portug., Podophylle, Frankr.

2. Das Harz aus dem Wurzelstock†: Res. Podophylli, Amer., Engl., Jap., Niederl., Norweg., Österr., Schwd., Ung., Res. d. podophyllo, Portug., Res. d. podophylle, Frankr., Podophyllinum, Belg., Dänem., Deutschl., Kroat., Rußl., Schwz., Podofilino, Span., Podofilina, Ital., Rumän.

Hauptbestandteile: Podophyllotoxin, Podophylloresin, Pikropodophyllin usw. Anwendung: Starkes Abführmittel bei Gallensteinkrankheiten etc., in größeren Dosen toxisch. Frucht eßbar.

Berberis vulgaris L., Berberitze, Sauerdorn, Strauch. Europa, Westasien, in Nordamerika verwildert.

Off.: Die Früchte (Baccae oder Fruct. Berberidis): Berberis, Frankr.

Enthalten Apfelsäure und werden zu säuerlichen Getränken verwendet.

Berberis Aquifolium Pursh. (Mahonia Aquifolium Nutt.), Strauch. Nordamerika.

Off.: Der Wurzelstock und die Wurzeln (Rad. Mahoniae): Berberis, Amer.

Enthalten mehrere Alkaloide, darunter Berberin. Zu Stoffwechselkuren bei Syphilis empfohlen.

Hydrastis canadensis L., Golden seal, ♃.. Östliches Nordamerika, Kanada, in Amerika und England kultiviert.

Off.: Der Wurzelstock samt den Wurzeln: Rhiz. Hydrastidis (vel Hydrastis): Belg., Dänem., Deutschl., Engl., Griech., Niederl., Norweg., Rußl., Schwd., Schwz., Riz. d. hidrastis del Canada, Span., Rad. Hydrastidis (vel Hydrastis), Jap., Österr., Rad. Hydrast. canadensis, Ung., Hydrastis, Amer., Frankr., Hydrastis canadensis, Kroat., Serb., Idraste, Ital., Idrastis canadien, Rumän.

Wirksame Bestandteile die Alkaloide Hydrastin, Berberin, Canadin etc. Anwendung: Hauptsächlich als Hämostatikum in der Gynäkologie. Sehr beliebt.

Ranunculaceae.

Helleborus niger L., Schwarze Nießwurz, Schneerose, ♃.. Mitteleuropa, subalpin.

Off.: Der Wurzelstock †: Rhiz. Hellebori, Belg., Rad. Hellebori, Griech., Helleboro, Portug., Helebor, Rumän.

Wirksame Bestandteile die Glykoside Helleborin und Helleboreïn. Anwendung: Früher als Diuretikum, Emetikum etc., gegenwärtig obsolet. Volkstümlich zu Nießpulvern.

Coptis anemonaefolia Sieb. et Zucc., ♃., und mehrere andere Coptis-Arten. Japan.

Off.: Der Wurzelstock: Rad. Coptidis, Jap.

Enthält die Alkaloide Berberin und Coptin. Anwendung wie Hydrastis.

Anmerkung: Die gewöhnliche Rad. Coptidis der Literatur stammt auch von Coptis trifolia (L.) Salisb., arktisches und subarktisches Gebiet, Japan, Nordamerika (Golden thread).

Actaea racemosa L. (Cimicifuga racemosa Nutt.), ♃.. Östliches Europa bis zum pazifischen Nordamerika.

Off.: Der Wurzelstock samt den Wurzeln: Rhiz. Cimicifugae, Engl., Cimicifuga, Amer.

Enthält Isoferulasäure (Hesperetinsäure), Salicylsäure etc. und Racemosin (kein einheitlicher Körper). Anwendung bei Rheuma und Dysmenorrhöe.

Delphinium Consolida L., Rittersporn, ⊙. Einheimisch in fast ganz Europa, in Amerika eingeschleppt.

Off.: Das blühende Kraut (Herb. Consolidae regalis oder Herb. Calcatrippae der älteren Literatur): Consolida real: Portug.

Enthält angeblich ein Alkaloid (Calcatrippin), Akonitsäure, in den Blüten Kämpferol (Farbstoff). Anwendung: Früher als Diuretikum und Wurmmittel, die Blüten zu Augenwasser, gegenwärtig wohl gänzlich obsolet, auch als Volksmittel wenig gekannt.

Delphinium Staphysagria L., ⊙, Mittelmeergebiet.

Off.: Die Samen (Stephanskörner, Läusekörner) †: Sem. Staphysagriae, Belg., Engl., Griech., Niederl., Staphysagria, Amer., Stafisagria, Rumän., Staphysaigre, Frankr., Paparraz (Pedicularia vel Staphysagria), Portug.

Wirksame Bestandteile mehrere Alkaloide: Delphinin, Delphisin, Delphinoidin, Staphysagrin. Anwendung: Äußerlich zu Läusesalben, Volksmittel.

Aconitum Napellus L. (Sammelname für mehrere Formen), blauer Sturmhut, ♃.. Gebirge von Mitteleuropa, Sibirien, Zentralasien, in England als Medizinalpflanze kultiviert, beliebte Zierpflanze.

Off.: 1. Die Wurzelknollen †: Tub. Aconiti, Belg., Deutschl. Finnl., Griech., Niederl., Rußl., Schwz., Rad. Aconiti, Engl., Jap., Aconitum, Amer., Aconito, Ital., Span. (R. d.), Portug., Aconit, Rumän., Aconite napel (racine d.), Frankr.

2. Die Blätter † (Fol. Aconiti): Aconito, Span. (H. d.), Portug. (Folh.), Aconit napel (feuille), Frankr.

Die Wurzelknollen und Blätter enthalten als wirksamen Bestandteil mehrere giftige Alkaloide: Aconitin (kein einheitlicher Körper), Pikroaconitin, Aconin usw. Anwendung. In der älteren Medizin bei Neuralgien (Tic), Lähmungen, Rheuma etc. Gegenwärtig wenig verordnet. Beliebt in der Homöopathie.

Anemone Pulsatilla L. (Pulsatilla vulgaris Mill.), wohl auch **Anemone pratensis** Mill., Küchenschelle, ♃.. Europa, Asien.

Off.: Das blühende Kraut (Herb. Pulsatillae) †: Anémone pulsatille, Frankr., Anemola (Phenion), Portug.

Enthält Anemonin und Anemonsäure, Spaltungsprodukte des Anemonenkampfers. Anwendung: In der älteren Medizin bei Augenkrankheiten, Rheuma, Lähmungen, Katarrh der Luftwege. In neuerer Zeit als Sedativum empfohlen. Sehr beliebtes Volksmittel.

Adonis vernalis L., Frühlingsfeuerröschen, ♃.. Ost- und Südeuropa bis Mitteldeutschland, kultiviert in Deutschland.

Off.: Das blühende Kraut †: Herb. Adonidis, Griech., Österr., Schwz., Herb. Adonidis vernalis, Rußl., Adonis, Span., Adonide, Ital. (neben den folgenden Arten).

Wirksamer Bestandteil das Glykosid Adonidin. Anwendung: In neuerer Zeit als Kardiakum empfohlen.

Adonis aestivalis L. ⊙, Europa, **Adonis autumnalis** L., ⊙. Südliches Europa und **Adonis microcarpa** DC. (A. Cupaniana Guss.), Sizilien, ⊙, liefern ebenfalls Herba Adonidis: Adonide, Ital. (neben A. vernalis).

Reihe. Rhoeadales.

Papaveraceae.

Sanguinaria canadensis L., Blutwurzel, bloodroot, ♃.. Im östlichen und zentralen Teil der Vereinigten Staaten von Nordamerika und in Kanada.

Off.: Der Wurzelstock: Sanguinaria, Amer.

Enthält mehrere Alkaloide, wie Sanguinarin, Protopin, Chelerythrin, β- und γ-Homochelidonin. Anwendung: In Amerika als Emetikum und Purgans, in kleinen Dosen als Diuretikum.

Chelidonium majus L., Schöllkraut, ♃.. Europa, Asien, eingeschleppt in Nordamerika.

Off.: Das Kraut: Herb. Chelidonii, Griech., Chelidonia, Portug., Chelidonia (Rad. et Herb.), Rumän.

Enthält zahlreiche den Opiumalkaloiden nahestehende Alkaloide, wie Chelerythrin, Chelidonin, α-, β-, γ-Homochelidonin, Protopin, Sanguinarin usw.

Anwendung: Früher als Succus recenter expressus z. B. bei Leberleiden, gegenwärtig obsolet, der frische Saft auf Warzen als Volksmittel.

Papaver somniferum L., Gartenmohn, ⊙. Alte Kulturpflanze.

Zur Opiumbereitung kultiviert in Mazedonien, Kleinasien, Persien, Indien, China (hier durch die Regierung immer mehr eingeschränkt).

Off.: 1. Die unreifen Früchte (Mohnkapseln): Fruct. Papaveris, Belg., Dänem., Griech., Niederl., Österr., Ung., Fruct. Papaveris immaturi, Rußl., Schwz., Capsulae Papaveris, Belg., Papaver, Rumän., Papaver somniferum, Kroat., Serb., Adormidera, Span., Dormideiras (capsulas), Portug., Pavot, Frankr.

Enthalten in sehr geringer Menge die Bestandteile des Opiums. Anwendung: Häufig mißbräuchlich beim Volke als Schlafmittel für Säuglinge (der daraus hergestellte Sirup heißt in Österreich beim Volke Bockshörndlsaft).

2. Der getrocknete Milchsaft der unreifen Früchte †: Opium, offizinell in allen Staaten (Oppio, Ital., Opio, Span., Portug., Opiu, Rumän., Opium de Smyrne, Frankr.).

3. Die Samen der Varietät γ **album** DC. (weißer Mohn): Sem. Papaveris, Deutschl., Griech., Rußl.

4. Das fette Öl aus den Samen (Mohnöl, Ol. Papaveris): Huile d'oeillette, Frankr.

5. Die Blätter (Fol. Papaveris): H. d. adormidera, Span., Dormideiras (folh.), Portug.

Wirksame Bestandteile des Opiums sind zahlreiche Alkaloide, die wichtigsten darunter Morphin, Kodeïn, Papaverin, Narkotin, Thebain, Protopin usw. Sie sind teilweise an Meconsäure gebunden. Man verwendet von diesen besonders das Morphin als Hypnotikum, Analgetikum und Sedativum, das Kodeïn als reizmilderndes Mittel (bei Katarrhen). Opium und seine Präparate werden in ähnlicher Weise und vornehmlich bei Koliken und als stopfende Heilmittel angewendet. Opium gehört zu den wichtigsten Heilmitteln. In China, Persien usw. ist es ein wichtiges Genußmittel. Mohnöl findet manchmal zur Herstellung von Emulsionen Verwendung; häufiger technisch.

Papaver Rhoeas L., Klatschmohn, ⊙. Europa, Asien, als Zier- und Drogenpflanze kultiviert.

Off.: Die Blumenblätter: Fl. Rhoeados, Österr., Schwz., Fl. Papaveris Rhoeados, Belg., Griech., Petala Rhoeados, Engl., Niederl.,

Fl. d. amapola, Span., Paparone, Rumän., Papoilas, Portug., Coquelicot, Frankr.

Enthalten das Alkaloid Rhoeadin und die Rhoeadinsäure. Anwendung lediglich als Volksmittel im Brusttee.

Fumaria officinalis L., Erdrauch, ☉. Verbreitet in Europa, eingeschleppt auch in Asien, Nord- und Südamerika.

Off.: Das Kraut: Herb. Fumariae, Griech., Fumaria, Span., Fumetérre, Frankr.

Enthält Fumarin (= Protopin), Fumarsäure. Anwendung: Wohl nur ab und zu als Volksmittel z. B. bei Leberleiden und als Bittermittel.

Fumaria capreolata L. (F. capreolata var. α vulgaris Machado) und **Fumaria media** Lois. (F. Bastardi Brot., F. capreolata var. β Bastardi Mach.), ☉. Südeuropa und Azoren.

Off.: Das blühende Kraut: Fumaria (Capnon vel fumus terrae), Portug.

Cruciferae.

Lepidium latifolium L., Pfefferkraut, ♃. Europa, Zentralasien, Nordafrika.

Off.: Die Blätter: Lepidio, Span. (H. d.), Portug.

Enthalten ein schwefelhaltiges Öl.

Lepidium sativum L. var. **crispum** DC. (Nasturtium crispum Medicus), Kresse, ☉. Einheimisch wahrscheinlich im östlichsten Mittelmeergebiet. In Gärten häufig als Salat kultiviert.

Off.: Die frischen Blätter: Nastruço (Nasturtium), Portug.

Enthalten das Glykosid Glykotropaeolin und das Enzym Myrosin. Die Wirkung beruht auf der Bildung von Benzylsenföl (Spaltungsprodukt des Glykotropaeolins). Anwendung wie Cochlearia.

Cochlearia officinalis L., ☉, Löffelkraut. Mittel- und Nordeuropa, kultiviert in Deutschland und wohl auch andere C.-Arten (wie C. pyrenaica DC.).

Off.: 1. Das blühende (frische Kraut) oder die Blätter: Herb. Cochleariae, Griech., Niederl., Rußl., Coclearia, Ital., Span. (H. d.), Cochléaria, Frankr., Portug., Rumän.

In der Schweiz zwar nicht als Droge speziell angeführt, aber zur Bereitung des Spiritus Cochleariae verwendet.

2. Das sog. Löffelkrautöl: Ol. d. cochlearia, Rumän.

Hauptbestandteil das Löffelkrautöl = d-Butylsenföl, entstehend durch Einwirkung des Enzyms Myrosin auf das Glykosid Glykocochlearin. Anwendung: Altes Skorbutheilmittel, zu Zahnwässern etc.

Sisymbrium officinale Scop. (Erysimum officinale L.), Raucke. Mittelmeergebiet, Europa, in Nordamerika eingeschleppt.

Off.: Die Blätter: Erysimo, Portug.

Anwendung: In der älteren Medizin gegen Heiserkeit und als Diuretikum, gegenwärtig wohl gänzlich obsolet.

Sinapis alba L. (Brassica alba Boiss.), Weißer Senf, ⊙. Südeuropa, kultiviert in Europa, Indien.

Off.: Die Samen (weißer Senf, im Handel auch Sem. Erucae): Sem. Sinapis albae, Belg., Engl., Schwz., Sinapis alba, Amer., Mustar, Rumän., Mostarda branca, Portug., Moutarde blanche, Frankr.

Hauptbestandteil ein fettes Öl und das Glykosid Sinalbin. Aus diesem wird durch das Enzym Myrosin Sinalbinsenföl abgespalten. Anwendung: Zu hautreizenden Präparaten bei Rheumatismus, Neuralgien etc., wie schwarzer Senf, doch schwächer wirkend, auch als Volksmittel. Technisch zur Senfbereitung.

Sinapis cernua Thunb., ⊙, Japan.

Off.: Die Samen: Sem. Sinapis, Japan (neben den Samen von Brassica nigra).

Brassica Rapa L. (B. campestris L.), Rübsen, Rübsaat, weiße Rübe. Mittelmeergebiet, in mehreren Varietäten in Europa gebaut, ⊙, var. annua Koch, Sommerrübsen und ⊙ var. oleifera DC., Winterrübsen, sowie

Brassica Napus L., Raps, Reps, Kohlreps, Mittelmeergebiet, in mehreren Varietäten in Europa kultiviert, var. annua Koch, Sommerraps ⊙ und var. oleifera DC., Winterraps ⊙.

Off.: Fettes Öl der Samen (Rübsen oder Rüböl und Rapsöl, beide technisch zusammengehörig): Ol. Rapae, Dänem., Norweg., Schwd.

Anwendung: Pharmazeutisch wie Sesam oder Olivenöl. Technisch wichtiges Öl.

Brassica nigra (L.) Koch (Sinapis nigra L), ⊙, Schwarzer Senf. Mittelmeergebiet und Mitteleuropa, dort und im übrigen Europa kultiviert, in Kalifornien verwildert.

Off.: Die Samen: Sem. Sinapis, Deutschl., Finnl., Griech., Jap. (dort auch von S. cernua), Niederl., Österr., Schwd., Ung., Sem. Sinapis nigrae, Belg., Dänem., Engl., Norweg., Rußl., Schwz., Sinapis, Kroat., Serb., Sinapis nigra, Amer., Senape nera, Ital., Mustar, Rumän., Sem. d. mostaza, Span., Mostarda (sem.), Portug., Moutarde noir, Frankr.

2. Das ätherische Öl aus den Samen (Allylsenföl)*): Ol. Sinapis aetherum, Jap., Kroat. (dort neben dem Öl von Brassica juncea), Österr., Rußl., Serb., Ung., Ol. Sinapis, Deutschl., Finnl., Niederl., Schwz., Ol. d. sinapis, Rumän., Ol. Sinapis volatile, Engl., Amer., Ess. Sinapis, Belg., Ess. d. senape, Ital., Ess. d. mostaza negra, Span., Ess. d. mostarda, Portug., Aetherol. Sinapis, Norweg., Schwd.

3. Die Blätter: Mostarda (folh. recentes), Portug.

Die wichtigsten chemischen Bestandteile des Senfs sind ein fettes Öl (34%) und das Glykosid Sinigrin, aus welchem durch die Einwirkung des Myrosins das ätherische Senföl (Allylsenföl) abgespalten wird.

Man verwendet Senf und Allylsenföl in der Medizin zu hautreizenden Präparaten (Senfpapier, Senfspiritus etc.) bei rheumatischen und neuralgischen Prozessen. Auch als Volksmittel beliebt.

---

*) Manche Pharmakopöen verlangen das synthetisch dargestellte Senföl.

Brassica juncea (L.) Hook. fil. et Thoms (Sinapis juncea L.), fälschlich Sareptasenf*), ☉. Indien, kultiviert in Indien, Nordamerika.
Off.: Das flüchtige Öl der Samen: Ol. Sinapis aethereum, Kroat. (neben dem Öl von Brass. nigra). Anwendung wie Allylsenföl.

Nasturtium officinale R. Br. (Cardaminum Nasturtium [L.] Moench), Brunnenkresse, ♃.. Europa, Asien, Amerika, auch kultiviert.
Off.: Das frische Kraut: Berros (Nasturtium), Span., Agrião, Portug., Cresson de fontaine, Frankr.
Enthält das Glykosid Glykonasturtiin. Dessen Spaltungsprodukt ist das Phenyläthylsenföl, der Hauptbestandteil des Brunnenkressenöls. Anwendung wie Löffelkraut.

Armoracia rusticana (Lam.) Gärtn., Meyer et Scherb. (Cochlearia Armoracia L.), Meerrettich, Kren, ♃.. Einheimisch in Ostrußland, als Gemüsepflanze kultiviert in Europa und Nordamerika, auch verwildert.
Off.: Die frische Wurzel: Rad. Armoraciae (recens), Engl., Griech., Niederl., R. d. rábano rusticano (Rad. Raphani rusticani), Span., Rabão rustico, Portug., Raifort, Frankr.
Hauptbestandteil das Glykosid Sinigrin, aus welchem durch Einwirkung des Enzyms Myrosin Allylsenföl (Meerrettichöl) abgeschieden wird.
Anwendung als hautreizendes Mittel wie Cochlearia. Volksmittel (z. B. als Diuretikum bei Hydrops).

Cheiranthus Cheiri L. (Erysimum Cheiri [L.] Cr.), Levkoje, Goldlack, ♃.. Einheimisch im Mittelmeergebiet, als Zierpflanze häufig kultiviert, seltener als Drogenpflanze.
Off.: Die Blüten (Flor. Cheiri): Coivos amarellos (Leucojon luteum), Portug.
Wirksamer Bestandteil ätherisches Öl, in den Samen das schwefelhaltige glykosidische Cheirolin. Es steht dem Allylsenföl nahe (in den Blättern und Samen Cheiranthin, Cheirinin usw.). Anwendung: In neuerer Zeit wieder als Kardiakum (Cheiranthin) empfohlen. Cheirolin wirkt antiseptisch.

Reihe. Parietales.

Cistaceae.

Cistus ladaniferus L. (auch C. creticus L. und andere C.-Arten), Strauch. Westliches Mittelmeergebiet.
Off.: Das Harz (Ladanum oder Labdanum): Ladano, Span., Labdano, Portug.
Besteht aus Harz und ätherischem Öl. Anwendung: Früher als Nervinum, gegenwärtig gänzlich obsolet, höchstens zu Räucherungen als Volksmittel.

Bixaceae.

Bixa Orellana L., Baum. Einheimisch im tropischen Amerika, durch die Kultur über die ganzen Tropen verbreitet.

---
*) Der bei Sarepta (Rußland) gebaute Senf ist Brassica Besseriana Andr.

Off.: Die Blätter: Fol. Bixae, Niederl.

Wirksamer Bestandteil nicht näher bekannt (vielleicht ein Glykosid). Soll gegen Erbrechen wirksam sein (die Früchte enthalten den Farbstoff Orlean, darin das Bixin.).

Droseraceae.

Drosera rotundifolia L. und **Drosera longifolia** L., Sonnentau, ⊙. In Sümpfen und Mooren Europas.

Off.: Die blühende Pflanze (im Handel als Herba Rorellae): Drosera, Frankr., Herb. Droserae, Griech., Rorella, Portug.

Altes lange obsolet gewesenes Heilmittel. In neuester Zeit sehr bei Arteriosklerose und Asthma empfohlen. Wirksamer Bestandteil nicht näher bekannt. Enthält ein proteolytisches Enzym.

Violaceae.

Viola tricolor L. (mit mehreren Unterarten, meist bloß die angeblich wirksamere Unterart var. arvensis Murr. = Viola arvensis Murr.), Stiefmütterchen, ⊙ oder ⊙, Ackerunkraut. Europa, Nordasien, Nordamerika.

Off.: Das blühende Kraut (Freisamkraut): Herb. Violae tricoloris, Deutschl., Griech., Österr., Schwz., Violeta tricolor (Jacea), Portug. (dort bloß Viola arvensis Murr.), Viola tricolora, Rumän. (Im Drogenhandel auch als Herb. Jaceae).

Bestandteile Violaquercitrin, ätherisches Öl, darin Salicylsäuremethylester etc., Anwendung hauptsächlich als Volksmittel bei Hautkrankheiten, Rheumatismus etc. (blutreinigend, diuretisch).

Viola odorata L., Veilchen, ♃. Europa, häufig kultiviert.

Off.: 1. Die Blüten: Flor. Violae odoratae, Griech., Fl. de violeta, Span., Violetas (flor.), Portug., Violette, Frankr., Viola mammola, Ital., Viola odorata, Rumän.

2. Die Blätter: Violetas (folh.), Portug.

Enthalten ein brechenerregendes Prinzip, ferner als wohlriechenden Bestandteil Iron (ein Keton), Salicylsäuremethylester etc. Anwendung als volkstümliches Expektorans und Emeticum.

Flacourtiaceae.

Gynocardia odorata (Roxb.) R. Br. (Hydnocarpus odoratus Ait.), Baum. Südasien.

Off.: Das Samenfett (Chaulmoogra): Ol. Gynocardiae, Jap.

Enthält verschiedene Fettsäuren und das Glykosid Gynocardin. Anwendung in Indien bei Hautkrankheiten. Sehr nahestehend doch nicht identisch das unter dem Namen „Cardamomöl" (Marattifett) im Handel vorkommende Fett. Dieses gab als Speisefett (für Margarin) zu Vergiftungen Anlaß.

Reihe. Guttiferales.

Theaceae.

Thea sinensis L. (mit der Form Thea assamica Mast.), Teestrauch. Wild baumförmig in Assam und auf Hainan, als Strauch kultiviert in China, Japan, Ostindien, Ceylon, Java, Südafrika, Brasilien, Kaukasus usw.

Off.: Die eigenartig zubereiteten Blätter (Tee): Fol. Theae, Griech., Österr., Thea chinensis, Serb., Kroat., Té, Span., Thé, Frankr., Chá, Portug.

Wirksame Bestandteile: Hauptsächlich Koffeïn (= Theïn = Trimethylxanthin), Theophyllin, Gerbstoff, ätherisches Öl. Anwendung: Medizinisch hauptsächlich das Koffeïn (Erregungsmittel, Kardiakum, Diuretikum, überall off.) und Theophyllin (off. Deutschl.). Tee als erregendes Getränk eines der wichtigsten Genußmittel. Medizinisch bei Schwächezuständen als Analeptikum, durstlöschendes Mittel, Adstringens, Diuretikum und als Antidot bei manchen narkotischen Vergiftungen.

Guttiferae.

Hypericum perforatum L., Johanniskraut, ♃.. Durch ganz Europa, Nordasien, Nordafrika.

Off.: Das blühende Kraut (Herb. Hyperici des Drogenhandels): Hypericum, Kroat., Serb., Hiperic, Rumän., Hipericón, Span., Milfurada, Portug., Millepertuis, Frankr.

Enthält ein ätherisches Öl und Farbstoffe. Gegenwärtig obsolet, früher als Wundmittel (Ol. Hyperici coctum) und gegen Rheumatismus gebräuchlich gewesen. Ab und zu noch als Volksmittel gebräuchlich.

Garcinia Hanburyi Hook. fil., in Siam, **Garcinia Morella** Desrouss., und andere G.-Arten, Bäume. Ceylon.

Off.: Das Gummiharz, †: Gutti, Deutschl., Jap., Schwz., Gummi Guttae, Belg., Griech., Rumän., Gummires. Gutti, Finnl., Österr., Schwd. (Gummires. Gutta), Gutagamba, Span., Gomma gotta, Ital., Gomma gutta, Portug., Cambogia, Amer., Gambogia, Engl., Gomme gutte, Frankr.

Besteht aus Harz und Gummi. Das Harz enthält α-, β-, γ-Garcinolsäure. Anwendung als starkes Abführmittel, technisch als Malerfarbe.

Dipterocarpaceae.

Shorea- und **Hopea-**Arten (Shorea Wiesneri Stapf), Bäume. Sumatra, Malaiischer Archipel.

Off.: Das Harz (Dammarharz): Res. Dammar, Jap., Österr., Dammar, Deutschl., Griech., Serb. (hieher gehört jedenfalls auch Res. Dammar, Finnl., Rußl. und Span., welche in den betreffenden Pharmakopöen auf Agathis Dammara [s. d.!] zurückgeführt wird).

Bestandteile: Dammarolsäure, Dammarresen usw. Anwendung zu Pflastermassen.

Shorea stenoptera Burck, Baum. Borneo, Sundainseln.

Off.: Das Samenfett (Borneotalg, Minyak-Tangkawang): Ol. Shoreae, Niederl.

Enthält Stearinsäure und Ölsäure.

Reihe. Columniferae.

Malvaceae.

Althaea officinalis L., Eibisch, ♃.. Europa, Sibirien, besonders auf sumpfigem oder salzhaltigem Boden, auch kultiviert, häufig in Bauerngärten Deutschlands und Österreichs.

Off.: 1. Die Blätter: Fol. Althaeae, Belg., Deutsch., Jap., Niederl., Österr., Schwz., Ung., Althaea, Kroat., Serb., Altea (foi), Rumän.

2. Die Blüten: Fl. Althaeae, Belg., Altea (flori), Rumän., Guimauve (fl.), Frankr.

3. Die Wurzeln: Rad. Althaeae, Belg., Dänem., Deutschl., Finnl., Griech., Ital., Jap., Niederl., Norweg., Österr., Rußl., Schwd., Schwz., Ung., R. d. altea, Span., Althaea, Amer., Altaea, Portug., Altea (radacina), Rumän., Guimauve (racine), Frankr.

Hauptbestandteil aller drei Drogen Schleim, auch Asparagin. Anwendung: Innerlich bei Katarrhen der Luftwege, äußerlich zu erweichenden Umschlägen. Als Volksmittel sehr beliebt.

Malva silvestris L. und **Malva neglecta** Wallr. (M. vulgaris Fries, M. rotundifolia Koch non Linné). Käsepappel, Roßpappel, ♃.. Europa, Westasien, eingeschleppt in Amerika, Australien, kultiviert in Deutschland.

Off.: 1. Die Blätter: Fol. Malvae, Deutschl., Österr., Schwz., Ung., H. d. malva, Span., Malva, Ital. (dort auch von der folgenden Art), Kroat., Portug., Rumän.

2. Die Blüten (in der Regel nur von M. silvestris): Flor. Malvae, Belg., Deutschl., Griech., Jap., Österr., Schwz., Rußl., Ung., Fl. d. malva, Span., Malva, Ital., Kroat., Serb., Portug. (Fl.), Rumän., Mauve sauvage, Frankr.

3. Das Kraut: Herb. Malvae, Norweg.

4. Die Wurzeln: Malva (r.) Portug.

Malva nicaeensis All. ♃.. Südeuropa.

Off.: Blatt und Blüte: Malva, Ital. (neben M. silvestris). Chemie und Anwendung der Malvadrogen wie bei Althaea.

Hibiscus japonicus Miq. ♃.. Japan.

Off.: Die Wurzeln: Rad. Hibisci, Jap.

Gossypium herbaceum L., **G. arboreum** L., **G. barbadense** L. und deren zahlreiche Kulturformen, ⊙ oder ♃.. Kultiviert in Nordamerika, Westindien, Brasilien, Ostindien, China, Persien, Ägypten, den afrikanischen Kolonien etc.

Off.: 1. Die gereinigten Samenhaare (Baumwolle): Gossypium depuratum, Belg., Deutschl., Finnl., Griech., Jap., Niederl., Österr., Rußl., Schwd., Schwz., Serb., Gossypium purificatum, Amer., Gossypium, Engl., Lana Gossypii Brunsii bezw. depurata, Ung., Kroat., Cotone absorbente, Ital., Coton hydrophile, Frankr., Algodón, Span., Algodeiro, Portug.

Baumwolle besteht aus fast reiner Zellulose. Auwendung als Verbandsmaterial.

2. Die Samen: Algodeiro (sem.), Portug.

Hauptbestandteil fettes Öl (s. u.).

3. Das Samenfett (Cottonöl, Baumwollsaatöl): Ol. Gossypii seminum, Amer.

Enthält hauptsächlich Palmitin, daneben Glyceride der Ölsäure usw., wird pharmazeutisch und technisch verwendet.

4. Die Wurzelrinde: Cort. Gossypii, Amer.

Hauptbestandteil: Harz. Anwendung: Bei Menstruationsstörungen. In Amerika auch mißbräuchlich als Abortivum.

Tiliaceae.

Tilia cordata Mill. (T. ulmifolia Scop., T. parvifolia Ehrh.), Winterlinde und **Tilia platyphylla** Scop. (T. grandifolia Ehrh.), Sommerlinde, Bäume. Einheimisch in Mittel- und Südeuropa, häufig kultiviert.

Off.: Der Blütenstand (Lindenblüten): Fl. Tiliae, Belg., Deutschl., Griech., Jap., Niederl., Österr., Rußl., Schwz., Ung., Fl. d. tilo, Span., Tiglio, Ital., Teiu, Rumän., Tilia, Kroat., Serb., Tilleul, Frankr.

Hauptbestandteile: Schleim, Zucker, Hesperidin. Anwendung: Als Diaphoretikum bei katarrhalischen Erkrankungen des Respirationstraktes. Sehr beliebtes Volksmittel.

Sterculiaceae.

Theobroma Cacao L., Kakaobaum. Ursprünglich einheimisch in den Küstenländern des mexikanischen Meerbusens und in Südamerika bis zum Amazonas. Gegenwärtig in vielen Tropenländern kultiviert, besonders in Ekuador, Brasilien, Westafrika, San Thomé, Trinidad, Dominik. Republik, Venezuela, Granada, Mexiko usw.

Off.: 1. Die Samen (Kakaosamen des Handels): Sem. Cacao, Griech., Cacao, Portug., Rumän., Span. und Zubereitungen daraus: Pasta Cacao, Dänem., Niederl., Massa cacaotina, Schwz., Chocolata, Belg., Chocolate commum, Portug.

Enthalten Fett (Kakaobutter, Ol. Cacao, s. u.!) und Theobromin (Dimethylxanthin). Dieses als Th. natriosalicylic. (Diuretin) in mehreren Staaten offizinell und als Diuretikum bei Herz- und Gefäßleiden beliebt. Kakaoabkochung als anregendes und zugleich nahrhaftes und gelinde adstringierendes Getränk eines der wichtigsten Genußmittel. Dient auch zur Herstellung der Schokolade und des Kakaofettes etc.

2. Das Samenfett (Kakaobutter): Ol. Cacao: Belg., Dänem., Deutschl., Finnl., Jap., Kroat., Niederl., Norweg., Österr., Rußl., Schwd., Schwz., Serb., Ol. d. cacao, Portug., Rumän., Butyrum Cacao, Ung.,

Ol. Theobromatis, Engl., Amer., Manteca d. cacao, Span., Burro d. cacao, Ital., Beurre d. cacao, Frankr.

Hauptbestandteile mehrere Fettsäureglyceride. Awendung pharmazeutisch zu Ceraten, Stuhlzäpfchen etc.

Cola acuminata (P. Beauv.) Schott et Endl. und **Cola vera** K. Schum., Bäume. Einheimisch und kultiviert in Westafrika, auch kultiviert in Westindien und Südamerika.

Off.: Die Samenkerne (Kola- oder Gurunüsse): Sem. Colae, Belg., Griech., Österr., Schwz., Ung., Kola (Cola), Frankr., Rumän., Span.

Hauptbestandteile: Koffeïn, Theobromin, Kolanin (Glykosid, welches Koffeïn abspaltet). Anwendung: In Afrika sehr wichtiges Genußmittel. Medizinisch in neuerer Zeit hauptsächlich als Stimulans wie Kaffee.

Reihe. Gruinales.

Linaceae.

Linum usitatissimum L., ⊙, Lein, Flachs. Alte Kulturpflanze in Europa, Asien (Indien), Nord- und Südamerika, Ägypten usw. Heimat hypothetisch.

Off.: 1. Die Samen (Leinsaat, Leinsamen): Sem. Lini, Belg., Deutschl., Finnl., Griech., Jap., Niederl., Norweg., Österr., Rußl., Schwd., Schwz., Ung., Sem. d. lino, Span., Linum, Amer., Engl., Kroat., Serb., In (sem.), Rumän., Sem. d. lino, Span., Lino, Ital., Linho, Portug., Lin, Frankr.

Hauptbestandteile: Fettes trocknendes Öl (Leinöl s. u.!), Schleim und Eiweißkörper. Anwendung als Demulcens und Mucilaginosum. Technisch zur Herstellung des Leinöls.

2. Die gepulverten Samen (Leinsamenmehl): Farina Lini, Belg., Niederl., Linum contusum, Engl., In (faina), Rumän., Poudre de grain de lin, Frankr.

3. Der Preßkuchen: Placenta semin. Lini, Deutschl., Österr.

Das Leinsamenmehl und der Preßkuchen dienen äußerlich zu erweichenden Umschlägen.

4. Das fette Öl der Samen (Leinöl): Ol. Lini, Amer., Belg., Dänem., Deutschl., Engl., Finnl., Jap., Kroat. (hier Ol. Lin. venale), Niederl., Norweg., Österr., Rußl., Schwd., Schwz., Serb., Ung., Ac. d. linaza, Span., Ol. d. in, Rumän., Ol. d. lino, Ital., Ol. d. linhaça, Portug.

Hauptbestandteile: Glyceride der Linol-, Linolen- und Isolinolensäure, Ölsäure usw. Anwendung: Pharmazeutisch zu Salben- und Pflastermassen. Technisch sehr wichtig, zu Firnissen, Malerfarben usw.

Geraniaceae.

Geranium maculatum L., ♃, Kanada, östliches und zentrales Nordamerika.

Off.: Der Wurzelstock: Geranium, Amer.

Hauptbestandteil: Gerbstoff (Gallussäure). Wirkung adstringierend.

Erythroxylaceae.

Erythroxylon Coca Lam. (umfaßt mehrere Varietäten), Cocastrauch. Einheimisch in Chile, Bolivien und Peru, kultiviert im tropischen Südamerika, in neuerer Zeit auch in Java, Ostindien, Afrika.

Off.: Die Blätter: Fol. Coca (oder Cocae), Deutschl., Engl., Griech., Ital., Jap., Schwz., H. d. coca del Peru, Span., Coca, Amer., Frankr., Portug.

Wirksamer Bestandteil das Kokain (Alkaloid), lähmt die sensiblen Nervenendigungen bei direkter Applikation. Daneben mehrere andere Alkaloide in bedeutend geringerer Menge.

Anwendung: In Südamerika ein sehr wichtiges erregendes Genußmittel, welches Angewöhnung zur Folge hat. Medizinisch ist nur das Kokain (nicht die Droge) und zwar als Lokalanästhetikum in Verwendung und als solches von ganz enormer Wichtigkeit.

Zygophyllaceae.

Guaiacum officinale L., Baum. Einheimisch im tropischen Amerika, besonders auf den Antillen, nach einigen Pharmakopöen (Deutschl., Engl., Griech., Schwz., Span., Ital.) auch **Guaiacum sanctum** L., in Florida und auf den Bahamainseln.

Off.: 1. Das Kernholz (Pockholz, Franzosenholz, Lign. sanctum): Lign. Guaiaci, Deutschl., Engl., Griech., Jap., Norweg., Österr., Rußl., Schwz., Guaiaco, Ital., Portug., Leño d. guajaco, Span.

Hauptbestandteil: Harz (s. u.!). Das Holz (aber mit der Rinde!) war früher ein berühmtes Heilmittel gegen Syphilis; heute ist es hauptsächlich nur mehr als Volksmittel im diuretischen „Holztee" gebräuchlich.

2. Das Harz aus dem Holze (nur von G. officinale): Resina Guaiaci, Engl., Finnl., Griech., Jap., Norweg., Österr., Schwd., Schwz., Guaiacum, Amer., Kroat., Serb., Res. d. guajaco, Ital., Portug., Span., Guaiac, Rumän, Res. d. gajac, Frankr.

Enthält mehrere Harzsäuren. Anwendung wie das Holz.

Reihe. Terebinthales.

Rutaceae.

Xanthoxylum (Zanthoxylum) **americanum** Mill., Northern prickly ash., Strauch oder kleiner Baum. Nordamerika, von Quebek bis Virginien und westlich bis Süd-Dakota, Nebraska und Kansas und **Fagara Clava Herculis** (L.) Small, Southern prickly ash., Strauch. Nordamerika, von Virginien bis Texas.

Off.: Die Rinde: Xanthoxylum, Amer.

Bestandteile: Harze, ein dem Berberin nahestehendes Alkaloid und Xanthoxylin (ein Phenol). Anwendung als Diuretikum und Diaphoretikum.

Ruta graveolens L., Wein- oder Gartenraute, ♃. Südeuropa, Nordafrika, auch in wärmeren Gegenden Mitteleuropas. Häufig kultiviert.

Off.: 1. Die Blätter oder das blühende Kraut (in größeren Mengen †): Fol. Rutae, Griech., Schwz., Ruta, Ital., Rumän., H. d. ruda, Span., Rue (fraiche), Frankr., Arruda, Portug.

Wirksamer Bestandteil: Glykosid Rutin und ätherisches Öl (s. d.).

2. Das ätherische Öl (Ol. Rutae, Rautenöl): Ess. Rutae, Belg., Ess. d. arruda, Portug.

Hauptbestandteil: Methyl- n-Nonylketon. Anwendung: Das Kraut früher als Stomachikum und Anthelminticum, beim Volke auch als Abortivum. Das Öl wirkt stark hautreizend.

Barosma betulinum (Thunb.) Bartl. et Wendl. (nach Pharm. Portug. auch **Barosma serratifolium** (Curt.) Willd. und **Barosma crenulatum** (L.) Hook.), Strauch, Südafrika.

Off.: Die Blätter: Fol. Buchu, Engl., Buchu, Amer., F. Bucco, Jap., Bucco, Portug.

Hauptbestandteil: Ätherisches Öl (darin Buccokampfer- ein Ketonalkohol) und das Glykosid Diosmin (= Hesperidin?). In England und Amerika als Diuretikum und Diaphoretikum gebräuchlich.

Pilocarpus Jaborandi Holm., Strauch. Brasilien, Argentinien.

Off.: Die Blätter (Pernambuco-Jaborandi): Fol. Jaborandi, Engl., Griech. (hier ohne Angabe der Stammpflanze), Jap. (ohne bestimmte Angabe der Spezies), Österr., Schwz., Jaborandi, Frankr., Ital., Jaborandus, Serb., Pilocarpus, Amer. (einschließlich P. microphyllus).

Wirksamer Hauptbestandteil: Pilocarpin (Alkaloid) und einige andere quantitativ unwesentliche Alkaloide, sowie ätherisches Öl. Anwendung: Zur Darstellung des Pilocarpins (Pilocarpin. hydrochloric. allgem. offizinell), selten als Droge. Pilocarpin ist ein kräftiges Diaphoretikum (bei katarrhalischen und rheumatischen Erkrankungen verwendet), auch als Myotikum in der Augenheilkunde.

Pilocarpus pennatifolius Lem. (welche Art man früher als die Stammpflanze der Pernambuco Jaborandi ansah), Strauch. Brasilien.

Off.: Die Blätter (Rio-Jaborandi): Fol. Jaborandi, Belg., H. d. jaborandi, Span., Jaborandi, Frankr., Portug., Rumän.

Enthalten weniger Pilocarpin als die vorhergehende Droge. Anwendung wie diese. Dasselbe gilt von:

Pilocarpus microphyllus Stapf, Brasilien.

Off.: Die Blätter (Maranham-Jaborandi): Jaborandi, Amer. (neben P. Jaborandi).

Cusparia febrifuga Humb. (Galipea Cusparia St. Hil., Cusparia trifoliata [Willd.] Engl.), Baum. Columbien, Neu Granada.

Off.: Die Rinde (im Handel auch als Angostura-Rinde): Cort. Cuspariae, Engl.

Diese und

Galipea officinalis Hanc (nach dem Vorschlage Englers eventuell Cusparia officinalis [Hanc.] zu nennen), Baum in Kolumbien und Venezuela, sind Stammpflanzen der Angostura-Rinde des Handels und der portugiesischen Pharmakopöe.

Off.: Cort. Angosturae, Griech. (gibt keine Stammpflanze an), Angustura, Portug.

Enthält ätherisches Öl und mehrere bittere Alkaloide (Kusparin, Galipin etc.). Anwendung: Früher als Febrifugum. Teilweise wegen der Verfälschung mit der giftigen Rinde von Strychnos toxifera als Heilmittel obsolet geworden. Gegenwärtig hauptsächlich als Amarum und in der Likörfabrikation verwendet.

Aegle Marmelos Correa, Baum in Ostindien. Dort häufig kultiviert.

Off.: Die Frucht: Biloa (Bela), Portug.

Anwendung: Die schleimführende Pulpa in Indien bei Diarrhöe und Dysenterie, auch zu Limonaden.

Citrus Aurantium L., subspec. **amara** L. (Citrus vulgaris Risso, C. Bigaradia Duham.), Pomeranze, Baum. Einheimisch wahrscheinlich in Südostasien (Cochinchina), kultiviert in Indien, Persien, Arabien, Syrien, Nordafrika und Südeuropa.

Off.: 1. Die Fruchtschale (von dieser gewöhnlich bloß der äußere Teil, Flavedo corticis Aurantii, in Verwendung): Cort. fruct. Aurantii, Deutschl., Jap., Niederl., Norweg., Rußl., Schwz., Cort. Aurantiorum (oder Aurantii), Belg., Engl. (recens und siccatum), Griech., Pericarpium Aurantii, Dänem., Österr., Schwd., Ung., Flavedo cort. Aurantii, Finnl., Cort. Aurantii amari, Amer., Aurantium, Kroat. (Cort. und Flavedo), Serb., Arancio amaro, Ital., Cort. d. naranja amarga, Span., Laranjera azeda-epicarpo und Hesperideo (fruct. Aur. am.), Portug., Portocale amare (coji), Rumän., Bigaradier, Frankr.

Hauptbestandteil: Ätherisches Öl (Ol. Aurantii cortic.) Aurantiamarin etc., Hesperidin. Anwendung: Wegen des bitteren Geschmackes und des Aromas als Zusatz verschiedener pharmazeutischer Präparate, speziell für Magenmittel etc. Fabriksmäßig zur Herstellung des ätherischen Öls.

2. Das ätherische Öl der Fruchtschalen (bitteres Pomeranzenöl): Ol. Aurantii (Aurantiorum) corticis, Jap. (hier von verschiedenen Arten), Kroat., Niederl., Ol. Aurantii pericarpii, Österr., Ess. d. naranja, Span., Ess. d. casca d. laranja, Portug.

Hauptbestandteil: d-Limonen, Citral usw. Anwendung als Geschmackskorrigens zu pharmazeutischen Zubereitungen und zu Likören.

3. Die unreifen Früchte: Fruct. Aurantii immaturi, Deutschl., Jap., Norweg., Rußl., Schwd., Fruct. Aurantii, Griech.

Hauptbestandteil ätherisches Öl (Petitgrainöl).

4. Die Blätter: Fol. Aurantii, Österr., Schwz., Arancio amaro (fol.), Ital., Bigaradier (feuille), Frankr., Laranjera azeda (folh.), Portug., H. d. naranjo agrio, Span.

5. Die Blüten (Fl. Aurantii): Arancio amaro (fl.), Ital., Fl. Aurantii s. Naphae, Griech., Fl. Aurantii Citri, Belg., Bigaradier (fl.),

Frankr., Fl. d. naranjo agrio (Azahar), Span., Laranjera azeda (fl.), Portug., Portocale amare (flori), Rumän.

Enthalten ätherisches Öl (s. u.!).

6. Das ätherische Öl der Blüten (Pomeranzen oder Orangenblütenöl, Neroliöl): Ol. Aurantii flor., Jap. (hier von verschiedenen Arten), Österr., Schwz., Ung., Ess. de fleur d'orange, Frankr., Ess. d. fiori d'arancio amaro, Ital., Ess. d. fl. d. laranjera, Portug., Ess. d. azahar, Span.

Enthält l-Linalool, Limonen, Geraniol etc. Als sehr wohlriechender Zusatz zu pharmazeutischen Präparaten und in der Kosmetik verwendet.

Citrus Aurantium L., subspec. **dulcis** L. (Citrus sinensis Pers.), süße Orange, Apfelsine, Baum. In Südeuropa, Kalifornien etc. kultiviert, Heimat wie die vorhergehende Art.

Off.: 1. Die Fruchtschale: Aurantii dulc. cort., Amer., Oranger vraie, Frankr.

2. Die Frucht: Naranja dulce, Span., Hesperideo (Laranja doce), Portug.

3. Das ätherische Öl der Fruchtschalen: Ol. Aurantii corticis, Amer., Ess. d'orange, Frankr.

4. Die Blüten: Laranjera doce (flor.), Portug.

Citrus Aurantium L., subspec. **bergamia** (Risso et Poit.) Wght. et Arn. (Citrus bergamia Risso et Poit.), Bergamotte, Baum. Kultiviert in Südeuropa und Westindien.

Off.: Das ätherische Öl der Fruchtschalen (Bergamotteöl): Ol. Bergamottae, Jap., Rumän., Rußl., Schwz., Ess. Bergamottae, Belg., Ess. d. bergamota, Span., Portug., Ess. d. bergamotte, Frankr.

Hauptbestandteil l-Linalylazetat, l-Linalool und d-Limonen. Verwendung hauptsächlich als wohlriechender Zusatz zu kosmetischen Präparaten.

Citrus medica L., supspec. **Limonum** (Risso) Hook. fil. (C. Limonum Risso). Zitronenbaum, Limonenbaum. Einheimisch in den Tälern des Himalaja oder in Cochinchina und China. In Südeuropa (besonders Sizilien) bis zum Gardasee, sowie in Nordamerika (Kalifornien) kultiviert.

Off.: 1. Die Fruchtschale: Cort. fructus Citri, Deutschl., Jap., Kroat. (Flavedo), Niederl. (recens), Rußl., Schwz., Cort. Citri, Griech., Cort. Limonis, Engl., Pericarpium Citri, Schwd., Ung., Cedro, Ital., Citron, Frankr., Pericarpio de cidra, Span., Citrus, Serb.

2. Die ganze Frucht (Zitrone, Limone): Limón, Span., Limone, Ital., Lemîi, Rumän.

3. Der ausgepreßte Fruchtsaft: Succus Limonis, Amer., Engl., Zumo de limón, Span.

4. Die Samen: Sem. de cidra, Span.

5. Das ätherische Öl der Fruchtschalen (Zitronenöl): Ol. Citri, Deutschl., Jap., Kroat., Niederl., Österr., Rußl., Schwz., Serb., Ung., Ol. d. citru, Rumän., Ess. d. citron, Frankr., Ess. Citri, Belg., Ess. d. cidra und ess. d. limon, Span., Ess. d. cedro, Ital., Ess. d. limão,

Portug., Aetherol. Citri, Dänem., Norweg., Schwd., Ol. Limonis, Amer., Engl.

Hauptbestandteil der Fruchtschale das ätherische Öl, darin vornehmlich d-Limonen, Citral usw. Im Fruchtfleisch Zitronensäure.

Anwendung als Geruchs- und Geschmackskorrigentien, zu Limonade etc. Volkstümlich die „Zitronenkur" bei Gicht.

Simarubaceae.

Simaruba amara Aubl. (S. officinalis DC., Quassia Simaruba L.), Baum in Französisch-Guayana, Westindien, Nordbrasilien, dort auch kultiviert.

Off.: Die Rinde (gewöhnlich Wurzelrinde): Cort. Simarubae, Deutschl., Griech., Niederl., Schwz., Simaruba, Rumän., Simarouba, Portug.

Enthält Harz und einen Bitterstoff. Anwendung sehr beschränkt. Früher bei Dysenterie und Diarrhöen, auch als Amarum.

Quassia amara L., Baum in Brasilien (Para, Maranhao) und Guayana, kultiviert in Kolumbien, Zentralamerika, Westindien und anderen Tropenländern.

Off.: Das Kernholz (Fliegenholz, Surinamisches Bitterholz, Quassiaholz): Lign. Quassiae (fast überall zugleich mit jenem von Picrasma excelsa), Amer., Belg., Deutschl., Engl., Finnl., Griech., Jap. (hier auch von Picrasma quassioides), Niederl., Norweg., Österr., Rußl., Schwd., Schwz., Quassia, Ital., Portug., Rumän., Leno d. cuasia, Span., Quassia d. la Jamaique, Frankr.

Wesentlicher Bestandteil: Quassiin (Sammelname für mehrere Bitterstoffe). Anwendung als Amarum, gilt auch als insektizid.

Picrasma excelsa (Sw.) Planch. (Picraena excelsa Lindl., Simaruba excelsa DC.), Baum auf Jamaika und anderen Inseln Westindiens, bezw. der Kleinen Antillen.

Off.: Das Kernholz (Jamaika-Bitterholz): Lign. Quassiae (fast überall gemeinsam mit dem Holz von Quassia amara offizinell [s. d.!], oder doch als Substitution zugelassen).

Enthält mehrere Bitterstoffe, die unter dem Namen „Picrasmin" zusammengefaßt werden, und wird wie das Holz der vorhergehenden Art verwendet.

Picrasma quassioides (Ham.) Benn., Strauch im subtropischen Himalaja.

Off.: Das Holz: Lign. Quassiae, Jap. (neben dem gewöhnlichen Quassiaholz).

Enthält Quassiin.

Brucea sumatrana Roxb., Strauch. Hinterindien, Cochinchina, indischer Archipel bis zu den Philippinen und Australien.

Off.: Die Früchte (Kosamfrüchte): Fructus Bruceae, Niederl.

Wirksame Bestandteile: Die Bitterstoffe Brucamarin und Kosamin, Gerbsäure, in den Samen Fett. Anwendung gegen Dysenterie.

Burseraceae.

Canarium commune L., Baum in Hinterindien, Java, Celebes, und andere Burseraceen, besonders Protium-Arten.

Off.: Das Harz (Elemi, Manila Elemi etc.): Resina Elemi, Griech., Österr., Span., Elemi, Belg., Frankr., Niederl., Portug., Rumän., Schwz.

<small>Die zahlreichen Elemisorten des Handels sind von sehr verschiedener, zum großen Teil nicht näher bekannter Herkunft, daher die Pharmakopöen auch in der Regel die Stammpflanze bloß hypothetisch angeben.</small>

Chemische Bestandteile des Manila-Elemi: Elemisäure, α- und β-Amyrin (Harzalkohole), d-Phellandren, d-Limonen etc. Anwendung: Zu Pflastermassen. Technisch wichtiges Harz.

Boswellia Carterii Birdw., in den Gebirgen von Hadramaut, im Somalilande und an der Küste des südöstlichen Arabiens, **Boswellia Bhau-Dajiana** Birdw., im Küstenlande der Somalihalbinsel, wahrscheinlich auch **Boswellia Frereana** Birdw., im Somalilande, kleine Bäume.

Off.: Das Gummiharz (Weihrauch): Gummires. Olibanum, Dänem., Norweg., Österr., Olibanum, Griech., Kroat., Niederl., Oliban, Rumän., Encens, Frankr., Incienso (Thus), Span., Incenso, Portug.

Hauptbestandteile: Gummi und Harz — darin die Boswellinsäure und Olibanoresen — ferner ein Bitterstoff.

Anwendung: Pharmazeutisch bloß zu Pflastermassen. Früher zu Räucherungen. Hiezu noch im Gottesdienste mehrerer Religionen viel verwendet.

Bursera tomentosa (Jacq.) Triana et Planch. (Elaphrium tomentosum Jacq.), Baum in Venezuela und Kolumbien, auch **Bursera excelsa** (Humb. Bonpl. Kth.) Engl., in Mexiko.

Off.: Das Harz (westindisches Tacamahaca-Harz): Tacamahaca, Span.

Anwendung: Äußerlich bei Rheumatismus, sowie als Adstringens. Bei uns gänzlich obsolet.

Commiphora Myrrha (Nees) Engl. (Balsamodendron Myrrha Nees), **Commiphora abyssinica** (Berg.) Engl., **Commiphora Schimperi** (Berg.) Engl., kleine Bäume oder Sträucher. Arabien, Abyssinien.

Off.: Das Gummiharz (Heerabol-Myrrha): Gummires. Myrrha, Dänem., Finnl., Norweg., Österr., Rußl., Schwd., Myrrha, Belg., Deutschl., Engl., Frankr., Griech., Jap., Kroat., Niederl., Serb., Mirra, Ital., Portug., Span., Mira, Rumän., Myrrh, Amer.

<small>Volle Sicherheit über die Abstammung der Myrrhe besteht noch nicht. Es geben daher einige Pharmakopöen bloß die Gattung Commiphora (Balsamodendron) oder eine der erwähnten Arten an, die hier nach Engler zitiert sind.</small>

Hauptbestandteile: Gummi, Harz, ätherisches Öl. Im Harz α- und β-Heerabomyrrhol und α- und β-Heerabomyrrholol, Heeraboresen etc. Anwendung: Früher zu Räucherungen, gegenwärtig hauptsächlich zur Tinktur, diese zu Mundwässern (Adstringens und Antiseptikum). Im Altertum zum Einbalsamieren und zu gottesdienstlichen Gebräuchen.

Commiphora africana (Arn.) Engl. (Balsamodendron africanum Arn.), Senegambien.

Off.: Das Gummiharz (afrikanisches Bdellium — im Gegensatze zum ostindischen): Bdellium d'Afrique, Frankr., Bdellio, Span., Portug.

Diese Abstammung ist noch nicht sicher.

Anwendung wie Myrrha. In Indien dient das (indische) Bdellium (wahrscheinlich von C. Roxburghiana [Stock.] Engl.) als Heilmittel gegen Lepra und Syphilis.

Commiphora Opobalsamum (L.) Engl. α- **Kunthii** Engl. (Balsamodendron Opobalsamum Kth., Amyris Opobalsam. L.) und **Commiphora Opobalsamum** (L.) Engl. β- **gileadensis** (L.) Engl. (Balsamodendron gileadense Kth., Amyris gileadens. L.), Sträucher im südwestlichen Arabien und dem Somalilande. In Syrien und Ägypten kultiviert.

Off.: Der Harzbalsam (Gileadbalsam, Mekkabalsam, Opobalsamum): Terebinthina gileadense, Portug.

Im Orient ein sehr geschätztes Heilmittel (als Diuretikum, Diaphoretikum und Wundmittel).

Polygalaceae.

Polygala Senega L., ⚘. Kanada und die östlichen Vereinigten Staaten, Südgrenze in Nordkarolina, westliche Grenze in Minnesota und Missouri.

Off.: Die Wurzel: Rad. Senegae, Dänem., Deutschl., Engl., Finnl., Griech., Jap., Kroat., Niederl., Norweg., Österr., Rußl., Schwd., Schwz., Ung., Senega, Amer., Serb., Portug., Rad. Polygalae, Belg., Poligala virginiana, Ital., R. d. poligala d. Virginia, Span., Polygala d. Virginie, Frankr., Poligala Senega, Rumän.

Enthält Saponin (Senegin und Polygalasäure) und wird als Expektorans viel verwendet.

Polygala amara L., ⚘. Gebirgswiesen in Mitteleuropa.

Off.: Die ganze Pflanze: Herb. Polygalae amarae cum radice Dänem., Polygala, Portug., Poligala amara, Rumän.

Chemisch wenig bekannt. Hauptbestandteil ein Bitterstoff Polygamarin, vielleicht auch Senegin. Die Droge ist ein sehr beliebtes Volksmittel (Expektorans und angeblich auch die Milchsekretion fördernd).

Anacardiaceae.

Anacardium occidentale L., Acajou-Baum. Westindien, Brasilien. kultiviert auch in Ostindien und überhaupt in den Tropen.

Off.: 1. Die Blätter: Fol. Anacardii, Niederl.

2. Die Früchte (Elephantenläuse, Acajou): Cajú, Portug.

Die Früchte enthalten im Fruchtfleisch einen scharfen Stoff (Öl und Harz, in diesem Cardol und Anacardsäure) neben Gallussäure. Anwendung als starkes Vesikans (so auch das Cardol des Handels).

Pistacia Lentiscus L., Mastixstrauch, auch als kleiner Baum bekannt. Einheimisch im Mittelmeergebiet; zur Mastixgewinnung kultiviert auf Chios: var. **chia** DC.

Off.: Das Harz: Mastix, Belg., Griech., Serb., Mastiche, Amer., Kroat., Resina Mastix, Finnl., Norweg., Österr., Schwd., Mastica, Portug., Rumän., Almaciga, Span.

Enthält mehrere Harzsäuren (α- und β- Masticinsäure, α- und β-Masticonsäure etc.) und einen Bitterstoff und wird pharmazeutisch zu Pflastermassen verwendet, im Orient auch als Kaumittel und zu Räucherungen etc.

2. Die Früchte: Arveiro (Lentiscum), Portug.

Sie enthalten fettes Öl (Lentiscusöl).

Pistacia Terebinthus L., Strauch oder Baum. Mittelmeergebiet, nördlich bis Bozen.

Off.: Der Harzbalsam: Terebinthina de Chio (Tereb. cypria), Span.

Hauptbestandteil Pinen. Anwendung wie Terpentin.

Pistacia vera L. (Pistazie), kleiner Baum. Wild in Syrien und Mesopotamien, kultiviert im Mittelmeergebiet. Nach Planchon bloß eine Varietät von P. Terebinthus.

Off.: Die Samen (Pistazien, syrische oder Pimpernüßchen): Pistacios (Pistacia), Portug.

Hauptbestandteil fettes Öl. Anwendung wie Mandeln.

Cotinus Coggygria Scop. (Rhus Cotinus L.), Perückenbaum. Süd- und Mitteleuropa, Asien von Afghanistan und dem Himalaja bis China. Als Zierstrauch oft kultiviert.

Off.: Die Blätter (Venetianischer Sumach): Scumpia, Rumän.

Hauptbestandteil: Gerbstoff und ein Farbstoff (Myricetin?). Obsolet, früher zu Gurgelwasser. Technisch zum Färben und Gerben, ebenso das Holz (Fisetholz).

Rhus Coriaria L., Gerbersumach. Strauch. Mittelmeergebiet.

Off.: Die Blätter (Sizilianischer Sumach): Sumagre, Portug.

Hauptbestandteile: Der Farbstoff Myricetin (Oxyquercetin) und Gerbstoff (Gallusgerbsäure?).

Anwendung technisch zum Färben und Gerben.

Rhus Toxicodendron L. (Toxicodendron pubescens Mill.), Giftsumach, Strauch. Sachalin, Japan, Nordamerika bis Mexiko.

Off.: Die Blätter: Sumagre pubescente, Portug.

Enthalten neben Gerbstoff einen scharfen Stoff (Toxicodendronsäure, Toxicodendrol).

Rhus glabra L., Amerikanischer Sumach, Strauch. Einheimisch in Kanada und den Vereinigten Staaten bis Arizona.

Off.: Die Früchte (Sumac berries): Rhus glabra, Amer.

Enthalten Tannin und mehrere andere Pflanzensäuren.

Sapindaceae.

Paullinia Cupana Kth. (P. sorbilis Mart.), Strauch in Brasilien, Venezuela, auch kultiviert.

Off.: Eine Paste aus den gerösteten Samen: Guarana, Amer., Ital., Österr., Portug., Rumän., Schwz., Ung., Paulinia, Span.

Hauptbestandteil: Koffeïn und Gerbsäure. Anwendung als Stimulans, Adstringens und gegen Kopfschmerzen. In der Heimat beliebtes Genußmittel.

Schleichera trijuga Willd., Baum im tropischen Asien und seinen Inseln.

Off.: Das fette Öl aus den Samen (Macassaröl): Ol. Schleicherae, Niederl.

Enthält hauptsächlich Ölsäure-, Arachin- und Palmitinsäureglyceride und etwas Blausäure.

Hippocastanaceae.

Aesculus Hippocastanum L., Roßkastanienbaum. Einheimisch im Balkangebirge, Vorderasien, möglicherweise Thessalien bis zum Kaukasus und im westlichen Himalaja, in Europa und Nordamerika häufig kultiviert.

Off.: 1. Zweigrinde (Cort. Hippocastani), 2. Samen (Roßkastanien, Sem. Hippocastani), 3. Samenöl (Ol. semin. Hippocastani): Castanheiro da India — casca dos ramos e sementes — und Ol. d. castanhas da India, Portug.

Die Rinde und die Samenschalen enthalten die Glykoside Äskulin und Fraxin und ein Ferment Äskulase. In den Samen hauptsächlich Stärke, Fett und ein Saponin.

Anwendung: Die Rinde wurde früher (gleich dem Äskulin) gegen Wechselfieber und Neuralgien angewendet. Samen wohl obsolet.

Reihe. Celastrales.

Aquifoliaceae.

Ilex paraguariensis St. Hil., Baum oder Strauch im südlichen Brasilien, nördlichen Argentinien und Paraguay.

Off.: Die schwach gerösteten Blätter: Maté (Herb. paraguayensis), Portug.

Wirksamer Bestandteil: Koffeïn und Gerbsäure. Anwendung in der Heimat als Genußmittel wie Tee. Medizinisch gegenwärtig ohne Bedeutung.

Celastraceae.

Evonymus atropurpurea Jacq., Strauch. Einheimisch in den zentralen und östlichen Vereinigten Staaten von Amerika und in Labrador.

Off.: Die Wurzelrinde (Wahoo-bark): Cort. Euonymi, Belg., Euonymus, Amer., Fusain noir pourpré, Frankr.

Hauptbestandteil das Glykosid Evonymin, ätherisches Öl und Harz. Anwendung als Cholagogum und Purgans.

Reihe. Rhamnales.

Rhamnaceae.

Zizyphus sativa Gaertn. (Z. vulgaris Lam.), Strauch. Östliches Mittelmeergebiet bis nach Bengalen, China und Japan, häufig kultiviert.

Off.: Die Früchte (Jujuben): Jujubas, Portug. (mit den Früchten der folgenden Art), Azufeifa, Span.

Enthalten Schleim und Zucker und sind in den romanischen Ländern als Brustmittel in Verwendung. Dasselbe gilt von:

Zizyphus Lotus (L.) Willd. (Rhamnus Lotus L.), südliches Mittelmeergebiet, deren Früchte mit jenen der vorhergehenden in Portug. offizinell sind.

Rhamnus cathartica L., Kreuzdorn, Strauch. Nördliche gemäßigte Zone der Alten Welt, Nordafrika.

Off.: Die frischen Früchte (Kreuzbeeren): Fruct. Rhamni catharticae, Belg., Griech., Nerprun, Frankr. (im Drogenhandel auch Baccae Spinae cervinae).

Sie dienen auch (frisch) zur Herstellung von Sirupus Rhamni catharticae in Belg., Deutschl. und Schwz., Sir. d. nerprun in Frankr.

Hauptbestandteile: Chrysophanol, Rhamnosterin, Rhamnofluorin, Emodin (Trioxymethylanthrachinon) u. a. Anwendung: Purgans, auch Volksmittel.

Rhamnus Frangula L., Faulbaum, Strauch oder kleiner Baum in Europa, Zentralasien und Nordafrika.

Off.: Die Rinde: Cort. Frangulae, Belg., Dänem., Deutschl., Finnl., Griech., Jap., Norweg., Österr., Rußl., Schwd., Cort. Rhamni Frangulae, Niederl., Schwz., Frangula, Amer., Éc. d. bourdaine, Frankr., Amieiro negro, Portug.

Hauptbestandteile: Oxymethylanthrachinone (Emodin, Chrysophansäure), frei und in Glykosidform (Frangulin, Frangula-Rhamnin, usw.). Anwendung: Als Purgans viel benützt, doch durch die — wie behauptet wird — weniger wirksame Cascara sagrada (s. u.!) ziemlich verdrängt.

Rhamnus Purshiana DC., Strauch. Einheimisch in Nordamerika, dem nördlichen Kalifornien, Washington, Oregon und dem südlichen Kanada.

Off.: Die Rinde: Cort. Rhamni Purshianae, Dänem., Deutschl., Griech., Jap., Niederl., Norweg., Österr., Rußl., Schwd., Schwz., Rhamnus Purshiana, Amer., Kroat., Serb., Cascara sagrada, Engl., Frankr., Ital., Rumän., Span., Cort. Cascarae sagradae, Belg., Ung.

Hauptbestandteile: Ähnlich wie in Frangula Emodin und das dazugehörige Glykosid Purshianin, Frangulin etc. Anwendung wie Frangula.

Vitaceae.

Vitis vinifera L., Weinstrauch. Kaukasus, Armenien, Südeuropa, in den wärmeren Gebieten der extratropischen Zone allgemein kultiviert.

Off.: 1. Die getrockneten Früchte (Rosinen, Passulae): Uvas passadas, Portug.
Sie enthalten hauptsächlich Zucker.
2. Wein: in allen Pharmakopöen, gewöhnlich auch als Vinum, album, rubrum, malagense, tokajense, xerense etc. und der vom Wein destillierte Kognak (Spirit. vini Cognac).

Reihe. Rosales.

Crassulaceae.

Sempervivum tectorum L., Hauswurz, ♃.. Mittel- und Südeuropa.
Off.: Die Blätter (Fol. Sempervivi majoris): H. d. sempreviva major, Span.
Bestandteile: Nach älteren Untersuchungen angeblich Ameisensäure vorhanden. Obsolet. Die frischen Blätter früher als kühlendes Material auf Wunden, Entzündungen etc., zur Entfernung von Warzen und Hühneraugen.

Sempervivum arboreum L., Strauch. Portugal und Mittelmeergebiet, als Zierpflanze auch kultiviert.
Off.: Die Blätter: Saião (Sedum magnum), Portug.

Cotyledon pendulinus (DC.) Battand. (Umbilicus pendulinus DC., Cotyl. Umbilicus β-tuberosa L.), ♃.. Afrika, mediterranes und westliches Europa bis England.
Off.: Die frischen Blätter: Conchelos (Cotyledon), Portug.
War früher unter dem Namen Herba Umbilici Veneris s. Cotyledonis als erfrischendes und diuretisches Heilmittel im Gebrauch. Wohl gänzlich obsolet.

Saxifragaceae.

Ribes rubrum L., Rote Johannisbeere, Ribisel. Strauch in Nord- und Mitteleuropa, wahrscheinlich nur im Osten heimisch, Kaukasus, Sibirien, Kamtschatka, Japan und subarktisches Amerika, häufig kultiviert.
Off.: Die frischen Früchte (Fruct. Ribium): Grosella (Grossularia), Span., Groselhas (Ribesiae), Portug., Groseille, Frankr., außerdem in Span. Zumo d. grosella (Succus Grossulariae) und Sirupus Ribium in Belg. und Österr., Sir. d. groseille, Frankr.
Die Früchte enthalten Invertzucker und mehrere Pflanzensäuren und werden nur pharmazeutisch oder zu kühlenden Getränken verwendet. Der Sirup dient als Geschmackskorrigens.

Rosaceae.

Spiraeoideae.

Quillaja Saponaria Molina, Baum in Chile.
Off.: Die Rinde (Panama- oder Seifenrinde): Cort. Quillajae, Dänem., Deutschl., Engl., Griech., Jap., Österr., Schwz., Ung., Quillaja, Amer., Éc. d. Panama, Frankr.

Hauptbestandteil: Saponin (Quillajasäure und Sapotoxin). In neuerer Zeit als Ersatz für Senegawurzel (Expektorans) empfohlen, aber wenig verwendet, wichtiger technisch.

Rosoideae.

Rubus idaeus L., Himbeere, Strauch. Nördliches Europa, Nordasien, häufig kultiviert.

Off.: Die frischen Früchte: **Fruct. Rubi idaei**, Griech., Niederl., **Framboise**, Frankr., **Frambuesa**, Span., **Framboesas**, Portug.

Der daraus hergestellte Sirup: **Sirup. Rubi idaei**, Belg., Dänem., Deutschl., Finnl., Jap., Kroat., Norweg., Österr., Rumän., Rußl., Schwd., Schwz., Ung., **Sir. d. framb.**, Frankr.

Hauptbestandteil: Zitronensäure (vielleicht auch Apfelsäure). Himbeersirup ist eines der beliebtesten Geschmackkorrigentien.

Rubus fruticosus L. (Sammelname für eine große Anzahl von Arten und Formen), Brombeere, Strauch. Europa, Asien.

Off.: Die Früchte: **More d. rovo** (Rubi mora), Ital.

Enthalten Zucker, Apfelsäure, Zitronensäure etc. Anwendung wie Himbeeren.

Rubus villosus Ait., **Rubus nigrobaccus** Bail. (nicht im Ind. Kew.), **Rubus cuneifolius** Pursh., Sträucher (blackberry). Nordamerika, auch kultiviert.

Off.: Die Wurzelrinde: **Rubus, Amer.**

Hauptbestandteil: Tannin und ein Glykosid Villosin. Anwendung: Als Adstringens bei Darmleiden.

Fragaria vesca L., Erdbeere, ♃.. Europa, Asien.

Off.: 1. Die Früchte: **Fresa-Fr.**, Span.

Hauptbestandteile Zucker und Säuren (Apfelsäure).

2. Der Wurzelstock und die Blätter: **Fresa-riz.**, Span., **Moragueiro rhiz. e folh.**, Portug. (von der var. hortensis Duch.).

Über die Inhaltsstoffe des Wurzelstockes und der Blätter ist nichts Genaueres bekannt. Sie sind bei uns sehr beliebt als Volksmittel bei Nieren- und Blasenleiden, sowie bei Gicht, auch als Teesurrogat.

Potentilla erecta (L.) Hampe (Pot. silvestris Neck., Tormentilla erecta L.), ♃.. Blut- oder Ruhrwurz. Nord- und Mitteleuropa, Sibirien.

Off.: Der Wurzelstock: **Rhiz. Tormentillae**, Schwz., **Tormentille**, Frankr., **Tormentila**, Rumän., **Consolda vermelha**, Portug.

Hauptbestandteile: Chinovasäure, Ellagsäure und Tormentillgerbsäure. Adstringens bei Diarrhöen. Auch als Volksmittel.

Geum urbanum L., ♃., Nelkenwurz. Europa, Asien, nordwestliches Amerika, angeblich auch in Australien.

Off.: Die Wurzeln und der Wurzelstock: **Rhiz. Gei urbani**, Dänem., **Sanamunda** (Caryophyllata), Portug. (Im Drogenhandel gewöhnlich Rad. Caryophyllatae genannt.) Enthält ätherisches Öl (darin Eugenol). Obsolet, Volksmittel.

Filipendula Ulmaria (L.) Maxim. (Spiraea Ulmaria L.), ⚃.. Europa und Asien.

Off.: 1. Die Blüten: Fl. Spiraeae, Schwz., Fl. Ulmariae, Belg. 2. Die ganze Pflanze: Ulmeira, Portug.

Enthält angeblich die Glykoside Gaultherin und Spiraein, ferner Salicylsäuremethylester, Salicylaldehyd und Gaultherase (Enzym).

Anwendung: Wohl hauptsächlich nur als Volksmittel. Früher bei Harnbeschwerden, als Antispasmodikum und Vermifugum.

Agrimonia Eupatorium L., Odermennig, ⚃.. Europa. Nordasien, Nordamerika.

Off.: Die Blätter (Fol. oder Herb. Agrimoniae): Agrimonia (Eupatorium), Portug.

Chemisch nicht näher bekannt. Ein bei uns sehr beliebtes Volksmittel bei Gallensteinkoliken. Wahrscheinlich das Hepatorion des Dioskorides.

Hagenia abyssinica Gmel. (Brayera anthelminthica Kth.). Baum in Abyssinien.

Off.: Die weiblichen Blüten: Fl. Koso, Deutschl., Griech. (Kosso), Jap., Norweg., Österr., Schwd., Schwz., Ung., Fl. Kusso, Finnl., Rußl., Fl. Cousso, Belg., Fl. d. couso, Span., Kusso, Kroat., Cusso, Amer., Engl., Rumän., Cousso, Frankr., Portug., Kousso, Ital.

Hauptbestandteile: α- und β- Kosin, Kosotoxin (beide toxisch). Anwendung: Bandwurmmittel.

Rosa canina L., Wilde Rose, Heckenrose. Europa, Sibirien, scheinbar wild in Mexiko; und wohl auch andere wildwachsende Rosenarten.

Off.: Die Früchte (Hagebutten, Fruct. Cynosbati): Rosa canina (Cynorrhodon), Portug.

Im Fruchtfleisch vorwiegend Invertzucker. Sie dienen als Volksmittel bei Darmkrankheiten, gegen Würmer (mechanisch durch die Samenhaare wirkend) etc. Das Fruchtfleisch zu Salsen.

Rosa gallica L., Purpurrose. Strauch in der Südhälfte Europas und im Orient. Häufig kultiviert.

Off.: Die Blumenblätter: Fl. Rosae, Belg., Österr., Schwz., Fl. Rosae gallicae, Rußl., Petala Rosae, Niederl., Petala Rosae gallicae, Engl., Fl. d. rosa roja, Span., Rosa gallica, Amer., Rosa rossa, Ital., Rose rouge, Frankr., Rose, Rumän.

Rosa centifolia L., Zentifolie. Kulturpflanze mit vielen Varietäten, Formen und Hybriden.

Off.: Die Blumenblätter: Fl. Rosae, Deutschl., Griech., Schwz., Rose pâle, Frankr., Fl. d. rosa pálida, Span. (auch von Ros. damascena), Rosa pallida, Ital. (auch von Ros. damascena).

Rosa rugosa Thunb., Japan.

Off.: Die Blumenblätter: Fl. Rosae, Jap.

Die Rosenblätter enthalten ätherisches Öl. Man verwendet sie bloß pharmazeutisch (z. B. zur Bereitung des Rosenhonigs) und als wohlriechenden Zusatz zu Teegemengen.

Rosa damascena Mill. (besonders die var. trigintipetala Dieck) und andere Arten, wie Rosa gallica, Rosa centifolia usw. Zur Bereitung von Rosenöl und Rosenwasser kultiviert in Bulgarien, Südfrankreich, Sachsen, England.

Off.: Das ätherische Öl (Rosenöl): Ol. Rosae, Deutschl., Engl., Finnl., Jap., Kroat., Österr., Rußl., Schwz., Serb., Ung., Aetherol. Rosae, Dänem., Norweg., Ess. d. rose, Frankr., Ol. Rosae aethereum, Amer., Ess. Rosae, Belg., Ess. d. rosas, Portug.

Hauptbestandteile: Geraniol (Rhodinol) und l-Citronellol (Reuniol) und Paraffine. Anwendung: Als wohlriechender Zusatz zu pharmazeutischen (besonders kosmetischen) Präparaten und in der Parfumerie.

Pomoideae.

Cydonia oblonga Mill. (Cydonia vulgaris Pers.), Quittenbaum. Vorderasien und Südeuropa, häufig kultiviert.

Off.: 1. Die Frucht: Coing, Frankr.

Enthält Zucker, Weinsäure, Pektin.

2. Die Samen: Sem. Cydoniae, Belg., Griech., Schwz., Marmelosement. Portug.

Enthalten Schleim und Amygdalin. Verwendung als Mucilaginosum.

Malus domesticus Borkh. (Pirus Malus L. pro parte, Malus communis Poir. pr. p.), Apfelbaum. Alte Kulturpflanze Europas.

Die frischen Früchte (Äpfel) dienen zur Herstellung des apfelsauren Eisens: Extract. Ferri pomati, Deutschl., Kroat., Schwz., Extr. Pomi ferrat., Finnl., Österr., Extr. Malat. Ferri, Rumän., Ung.

Die getrockneten Früchte: Perros passados (Pira siccata), Portug.

Sorbus domestica L. (Pirus Sorbus Gaertn.), Speierling. Baum, im Mittelmeergebiet, dort häufig kultiviert.

Off.: Die frischen Früchte: Sorvas (Sorba), Portug.

Enthalten Zucker und Apfelsäure. Eßbar und als Zusatz zu Apfelwein verwendet.

Prunoideae.

Prunus armeniaca L., Aprikose, Marille, Baum. Einheimisch in Turkestan und der Mongolei. In vielen Spielarten kultiviert.

Off.: Die Samen: Sem. Pruni armeniaci, Jap.

Enthalten fettes Öl, Amygdalin (Blausäureglykosid) und Emulsin (Enzym). Anwendung wie bittere Mandeln (s. d.!). Fabriksmäßig zur Gewinnung von Bittermandelöl. Dieses auch wichtig in der kosmetischen Industrie.

Prunus domestica L., Zwetschke, Pflaume, Baum. Kulturpflanze.

Off.: 1. Die Früchte: Prunum, Amer., Engl., Pruna, Niederl., Ameixas passadas (Pruna siccata), Portug.

2. **Das Fruchtfleisch:** Pulpa Prunorum, Österr., Ung., Pulpa de prune, Rumän.
Enthält Zucker und Apfelsäure. Schwach abführend.

Prunus communis (L.) Archangeli (Amygdalus communis L., Prunus Amygdalus Stok.), mit mehreren Formen, so der f. **amara** (Amygdalus amarus Hayne). Mandelbaum. Wild in Turkestan und Mittelasien, häufig kultiviert, besonders im Mittelmeergebiet.

Off.: 1. Die Samen (süße und bittere Mandeln): Amygdala(e) amara(e), Amer., Belg., Deutschl., Engl., Griech., Jap., Kroat., Niederl., Rußl., Schwz., Serb., Ung., Sem. Amygdal. amar. und dulc., Dänem., Finnl., Norweg., Österr., Schwd., Amigdalele amari und dulci, Rumän., Amande amère und douce, Frankr., Amendoas amargas und doces, Portug., Almendra amarga und dulce, Span., Mandorle amare und dolci, Italien.

Die Mandeln enthalten hauptsächlich fettes Öl (Ol. Amygdalarum s. u.!), Emulsin (Enzym) und die bitteren außerdem das Glykosid Amygdalin, das bei Gegenwart von Wasser durch Emulsin über Benzaldehydcyanhydrin in Benzaldehyd und Blausäure und in Dextrose gespalten wird. Anwendung: Die süßen Mandeln zur Mandelemulsion (Mandelmilch) und zur Herstellung des Mandelöls, die bitteren als Blausäureträger z. B. gegen Koliken etc. (Bittermandelwasser).

2. Das fette Öl der süßen Mandeln (Mandelöl): Ol. Amygdalarum (Ol. Amygdalae): Belg., Dänem., Deutschl., Engl., Finnl., Jap., Niederl., Norweg., Österr., Rußl., Schwd., Schwz., Serb., Ung., Ol. d. amigdale dulci, Rumän., Ol. Amygdalar. dulcium, Kroat., Ac. d. almendras dulces, Span., Ol. d. mandorle dolci, Ital., Ol. d. amendoas, Portug., Ol. Amygdalae expressum, Amer., Huile d'amande und H. d'am. decolorée, Frankr.

Hauptbestandteil: Oleïn. Anwendung: Pharmazeutisch besonders zur Herstellung der Pseudoemulsion, zu kosmetischen Präparaten etc.

3. Das Bittermandelöl (Benzaldehyd): Ol. Amygdalae amarae, Amer., Ess. d'amande amère, Frankr., Ess. d. almendras amargas Span., Ess. d. amendoas amargas, Portug., Aetherol. Amygdal amar., Norweg.

Verwendung als Zusatz zu kosmetischen Präparaten.

Prunus Persica (L.) Stok. (Amygdalus Persica L., Persica vulgaris Mill.), Pfirsich. Heimat unbekannt (China?), Kulturpflanze, Baum.
Off.: Die Blüten: Pecegueiro (Persicus), Portug.

Prunus Cerasus L. (Cerasus caproniana DC.), Weichsel, Sauerkirsche, Baum. Wahrscheinlich in Kleinasien einheimisch, Kulturpflanze.
Off.: 1. Die Frucht: Cerise rouge, Frankr.
2. Weichselsirup. Sirup. Cerasorum (Cerasi), Dänem., Deutschl., Norweg., Rußl., Schwd., Sir. d. cerise, Frankr.

Prunus avium L. (Cerasus Juliana DC.), Kirsche, Süßkirsche. Wahrscheinlich in Europa einheimisch, viel kultivierter Baum.

Off.: Die Früchte: Cerise noire, Frankr., Cerejas pretas, Portug.

Enthalten Zucker und Säuren (besonders Apfelsäure), in den Samen Amygdalin.

Prunus virginiana L. und **Prunus serotina** Ehrh. (Wild cherry), Bäume. Einheimisch in den östlichen und zentralen Vereinigten Staaten von Amerika und in Kanada.

Off.: Die Rinde: Cort. Pruni virginiani, Amer.

Wirksamer Bestandteil: Ein Glykosid ähnlich dem Amygdalin und ein Enzym. Anwendung als Blausäureträger.

Prunus Laurocerasus L., Kirschlorbeerbaum. Einheimisch in Kleinasien und im Balkan, kultiviert im Mittelmeergebiet.

Off.: 1. Die (frischen) Blätter: Fol. Laurocerasi, Belg., Engl., Griech., Niederl., H. d. laurel-cerero, Span., Lauro ceraso, Ital., Loureiro-cerejera, Portug., Laurier cerise, Frankr.

Die Blätter enthalten das Blausäureglykosid Prulaurasin, welches bei der Spaltung in Blausäure, Benzaldehyd und Traubenzucker übergeht. Verwendung zur Herstellung des Kirschlorbeerwassers (Aqua Laurocerasi, Niederl., Österr., Rumän., Schwz.).

Verwendung des Kirschlorbeerwassers vorwiegend als Antispasmodikum bei Koliken, Asthma usw. und zu Inhalationen bei Kehlkopfkrankheiten etc.

2. Das flüchtige Öl aus den Blättern (Bittermandelöl, Benzaldehyd): Ol. Lauro-cerasi, Niederl.

Prunus macrophylla Sieb. et Zucc., Japan.

Off.: Die Blätter: Fol. Pruni macrophylli, Jap.

Anwendung wie Kirschlorbeerblätter.

Mimosaceae.

Pithecolobium Avaremotemo Mart. (Mimosa cochliocarpos Gomez), Baum. Brasilien.

Off.: Die Rinde: Barbatimão, Portug.

Die Abstammung der Barbatimãorinde von Pithec. Avaremotemo wird bezweifelt.

Chemie unbekannt. Anwendung früher als Bittermittel, obsolet.

Acacia senegal (L.) Willd. (Acacia Verek Guill. et Perrot). Baum im nordöstlichen Afrika, Abyssinien, Nubien, Sudan bis zum Senegal, und andere Acacia-Arten (die wichtigsten sind: **Acacia Seyal** Del. und ihre var. **fistula** Schwf., **A. Ehrenbergiana** Hayne, **A. stenocarpa** Hochst., **A. arabica** Willd., **A. verugera** Schwf., usw.).

Off.: Das Gummi (sogenanntes arabisches Gummi): Gummi arabicum, Deutschl., Finnl., Griech., Jap., Kroat., Niederl., Norweg., Rußl., Schwd., Schwz., Ung., Guma arabica, Rumän., Gomma arabica, Ital., Portug., Span., Gomme arabique, Frankr., Gummi Acaciae, Belg., Engl., Österr., Serb., Acacia, Amer.

Gummi besteht im wesentlichen aus Arabin (saurem arabinsaurem Ca) und wird als Klebemittel, sowie als Mucilaginosum verwendet.

Acacia Catechu (L. fil.) Willd. und **Acacia Suma** Kurz. Hinter- und Vorderindien.

Off.: Ein trockenes Extrakt aus dem Holze (Pegu-Katechu): Catechu, Belg., Deutschl., Griech., Jap., Österr., Rumän., Rußl., Schwz., Catecú, Ital., Span., Cato, Portug., Cachou de Pégu, Frankr.

Hauptbestandteil: Katechin (Katechusäure) und Katechugerbsäure. Adstringens.

Papilionaceae.

a) Caesalpinioideae.

Copaifera officinalis (Jacq.) L. (Copaiva officinalis Jacq.), Baum in Guyana, Columbia und Venezuela, **C. guyanensis** (Desf.) O. Ktze., Amazonasgebiet, **C. confertiflora** (Benth.) O. Ktze., in Piauhy, **C. coriacea** (Mart.) O. Ktze., in Bahia, **C. Langsdorffii** (Desf.) O. Ktze. und **C. oblongifolia** (Mart.) O. Ktze., in Rio de Janeiro und Minos Geraës.

Off.: 1. Der Harzbalsam (Kopaivabalsam): Bals. Copaivae, Belg., Dänem., Deutschl., Finnl., Griech., Jap., Kroat., Niederl., Norweg., Österr., Rußl., Schwd., Schwz., Serb., Ung., Copaiba, Amer., Engl., Oleo-res. d. copaiba, Span., Balsamo d. copaive, Ital., Copahu, Frankr., Terebinthina copahiba, Portug., Balsam copaiv, Rumän.

Besteht aus Harz und ätherischem Öl (Ol. Copaivae, s. u.!), im Harz die Copaivasäure, Paracopaivasäure usw. Anwendung hauptsächlich bei Gonorrhöe. Ebenso das Öl.

2. Das ätherische Öl aus dem Balsam: Ol. Copaibae, Amer., Engl., Ess. d. copahiba, Portug.

Hauptbestandteil: Caryophyllen.

Tamarindus indica L., Tamarindenbaum. Einheimisch wahrscheinlich im tropischen Afrika. Durch Kultur über die ganzen Tropen verbreitet.

Off.: 1. Der fleischige Teil der Früchte: Fructus Tamarindi, Griech., Österr., Schwz., Ung., Tamarindus, Engl., Kroat., Tamarinde, Rumän., Tamarindo, Ital., Portug. (hier auch Tamarindus occidentalis Gaertn. angeführt, unter welchem Namen die in Amerika kultivierte Varietät von Tam. indica verstanden wird), Tamarin, Frankr.

2. Das Fruchtmus: Pulpa Tamarindi (Tamarindorum) cruda oder depurata, Belg., Deutschl., Finnl., Jap., Kroat., Niederl., Norweg., Österr., Rußl. Schwz., Ung., Pulpa d. tamarind, Rumän., Pulpa d. tamarindo, Span., Polpa d. tamarindi depur., Ital., Polpa d. tamarindos, Portug., Tamarindus, Amer., Tamarin (pulpe), Frankr.

Hauptbestandteile: Weinsäure, Apfelsäure, Zitronensäure. Anwendung: Sehr beliebtes mildes Abführmittel.

Cassia fistula L., Röhrenkassie, Baum. Einheimisch im tropischen Asien, dort sowie auch in Afrika und Amerika kultiviert und manchmal verwildert.

Off.: 1. Die Früchte: Fruct. Cassiae fistulae, Österr., Fruct. Cassiae, Belg., Griech., Cassia fistula, Amer., Cassia, Ital., Canna fistula, Portug.

2. Das Fruchtmus: Pulpa Cassiae fistulae, Österr., Pulpa Cassiae, Engl., Polpa d. cassia depur., Ital., Polpa d. cassia fistula, Portug.

Hauptbestandteile: Nach älteren Untersuchungen Zucker und Pflanzensäuren. Anwendung sehr beschränkt, als mildes Abführmittel.

Cassia angustifolia Vahl, kleiner Strauch. Ostafrikanische Küste, von Mozambique bis zum Somalilande, Inseln des Roten Meeres, Arabien, nordwestliches Indien. Im südlichen Vorderindien (Tinevelly) kultiviert. Von hier stammt die gewöhnliche Handelsdroge.

Off.: Die Fiederblättchen (Tinevelly-Senna), teilweise neben jenen von Cassia acutifolia: Fol. Sennae, Belg., Dänem., Deutschl., Finnl., Griech., Jap., Niederl., Norweg., Österr., Rußl., Schw., Ung., Sena, Ital., Rumän., Senna indica, Engl., Kroat., Senna, Amer., Serb., Séné, Frankr.

Hauptbestandteile: Anthraglukosennin, Senna-Emodin, Senna-Chrysophansäure etc. Anwendung: Beliebtes Purgans. Ebenso auch

Cassia acutifolia Del., kleiner Strauch. Einheimisch im mittleren Nilgebiete von Assuan durch Dongola bis Kordofan.

Off.: Die Fiederblättchen (alexandrinische Senna), teilweise neben jenen von Cassia angustifolia: Fol. Sennae, Belg., Finnl., Jap., Norweg., Rußl., Schwd., Sena, Ital., Senna alexandrina, Engl., Kroat., Senna, Amer., Rumän., Senne, Portug.

Cassia obovata Collad., kleiner Strauch. Von Senegambien durch das ganze tropische Afrika, Südarabien, Vorderindien.

Off.: Die Fiederblättchen (Sudan-Senna). Die Droge gilt als minderwertig: Sena, Ital. (neben den vorhererwähnten), Sen d. España, Span., Senne (neben C. acutifol.), Portug.

Von allen drei Arten (gewöhnlich aber von **C. angustifolia** und **C. acutifolia**):

Off.: Die Hülsenfrüchte (Mutterblätter): Fruct. Sennae, Dänem., Österr., Schwz., Folliculus Sennae, Belg., Follicules d. séné, Frankr.

Chemie und Anwendung wie bei den Blättern.

Krameria triandra Ruiz et Pav., Ratanhia. Anden von Peru (1000 bis 2600 m), Strauch.

Off.: Die Wurzeln: Rad. Ratanhiae, Belg., Deutschl., Griech., Jap., Niederl., Norweg., Österr., Rußl., Schwd., Schwz., Ung., Rad. Krameriae, Engl., R. d. ratania, Span., Ratanhia (oder Ratania), Ital., Kroat., Serb., Rumän., Portug., Krameria, Amer., Ratanhia d. Perou, Frankr.

Hauptbestandteil: Die glykosidische Ratanhiagerbsäure und deren Spaltungsprodukt Ratanhiarot.

Anwendung als Adstringens z. B. zu Zahnpulvern, auch innerlich.

Haematoxylon campechianum L., Campecheholzbaum, log wood tree. Mexiko, Zentralamerika, in Westindien (Jamaika) und dem nördlichen Südamerika, auch kultiviert.

Off.: 1. Das Kernholz (Blauholz, Rotholz, Campecheholz): **Lign. Haematoxyli**, Engl., Österr., Lign. campecheanum, Griech., **Haematoxylon**, Amer., Campeche, Portug.

2. **Estract de campeșiu** (Extract. lign. campecheani), Rumän.

Hauptbestandteil: Der Farbstoff Haematoxylin und dessen Oxydationsprodukt Haemateïn. Anwendung als Adstringens, technisch zum Blaufärben.

b) Papilionatae.

Myroxylon balsamum (L.) Harms (auch als var. genuinum Harms, Toluifera balsamum L., Myroxylon toluiferum H. B. K.), Baum. Nördliches Südamerika. Gewinnung des Balsams am unteren Magdalenenstrom (Neu-Granada).

Off.: Der Harzbalsam (Tolubalsam): **Balsam. tolutanum**, Amer., Belg., Dänem., Deutschl., Engl., Griech., Jap., Kroat., Niederl., Norweg., Österr., Schwd., Schwz., Ung., **Balsamo tolutano**, Ital., **Balsam Tolutan**, Rumän., **Balsamo d. Tolú**, Span., Portug., **Baume d. Tolu**, Frankr., **Res. tolutana**, Rußl.

Enthält hauptsächlich Harz und ätherisches Öl. In diesem freie Benzoësäure und Zimtsäure und deren Ester mit Benzylalkohol, sowie dem Harzalkohol Toluresinotannol usw. Anwendung wie Perubalsam (s. d.), aber weniger häufig, hauptsächlich wegen des angenehmen Geruchs, z. B. in kosmetischen Präparaten.

Myroxylon Pereirae (Royle) Klotzsch (Myroxylon balsamum [L.] Harms var. Pereirae Harms, Toluifera Pereirae Baill.), Baum, wahrscheinlich nur eine „physiologische Varietät" des vorhergehenden. Nördliches Südamerika bis Mexiko. Gewinnung des Balsams aber nur in San Salvador an der „Costa del balsamo" Zentralamerikas.

Off.: Der Harzbalsam (Perubalsam): **Balsam peruvianum**, Amer., Belg., Dänem., Deutschl., Engl., Finnl., Griech., Jap., Kroat., Niederl., Norweg., Österr., Rußl., Schwd., Schwz., Serb., Ung., **Balsam. Peruvian**, Rumän., **Bals. peruviano**, Ital., **Bals. d. Perú liquido**, Span., **Bals. peruviano liquido**, Portug., **Baume du Perou**, Frankr.

Hauptbestandteile: Perubalsamöl und Harz. Im Öl (Cinnameïn) Benzoësäure- und Zimtsäurebenzylester, Zimtsäurezimtester, Vanillin usw. Im Harz Benzoësäure- und Zimtsäureester des Harzalkohols Peruresinotannol etc. Anwendung: Alter Wundbalsam und Antiskabiosum, der in neuester Zeit wegen seiner antiseptischen Eigenschaften wieder sehr viel verwendet wird, nachdem er schon fast ganz obsolet war. Innerlich als Balsamikum wie Copaiva.

Myroxylon peruiferum L. fil. (Myrospermum peruiferum DC.). Baum im nördlichen Südamerika.

Off.: Der Harzbalsam: Balsam. peruviano solido, Portug.
Anwendung: Wie Tolubalsam. Bei uns nicht gebräuchlich.

Cytisus Scoparius (L.) Lnk. (Spartium Scoparium L., Sarothamnus Scoparius Wimm.), Besenginster. Strauch in Mitteleuropa.

Off.: Die blühenden Zweigspitzen †: Scoparii cacumina, Engl., Scoparius, Amer., Giesta, Portug., und der Preßsaft daraus: Succus Scoparii, Engl.

Hauptbestandteile: Das Sparteïn (in einigen Ländern offizinell). Dieses und die Droge als Diuretikum verwendet.

Ononis spinosa L., Hauhechel, ♃. Europa.

Off.: Die Wurzel: Rad. Ononidis, Deutschl., Griech., Österr., Schwz., Rad. Onononid. spinos., Ung., Ononis, Kroat., Serb.

Hauptbestandteil: Ononin und Ononid (Glykoside). Diuretikum. Auch als Volksmittel sehr beliebt.

Trigonella Foenum graecum L., ☉. Bockshornklee. Kultiviert in Deutschland, Frankreich, Marokko, Ägypten und Vorderindien.

Off.: Die Samen: Sem. Foenugraeci, Deutschl., Schwz., Sem. Foeni graeci, Belg., Österr., Alforvas (Buceras), Portug.

Bestandteile: Fettes Öl, Schleim, ätherisches Öl, Alkaloide Trigonellin und Cholin. Anwendung: Als Demulcens und in der Tierheilkunde bei Katarrh der Luftwege.

Melilotus officinalis (L.) Desr., Steinklee, Honigklee, ☉. Europa, kultiviert in Deutschland (gewöhnlich wohl auch Mel. altissimus Thuill.).

Off.: 1. Das blühende Kraut: Herb. Meliloti, Deutschl., Griech., Österr., Rußl., Meliloto, Portug.

2. Die Blüten: Fl. Meliloti, Griech., Molutru, Rumän.

Melilotus altissimus Thuill., ☉, wie die vorstehende Pflanze. Kultiviert in Deutschland.

Off.: Herba Meliloti, Deutschl. (neben M. officinalis). Beide Pflanzen enthalten Kumarin, Melilotsäure usw. Verwendung: Als wohlriechender Zusatz zu Pflastern und äußerlich angewendeten Teegemengen. Volkstümlich gegen „Drüsen".

Astragalus-Arten, Sträucher. Vorderasien bis nach Persien.

Sie gehören der Sektion Tragacantha an. Erwähnt in der Literatur, teilweise auch in den Pharmakopöen werden hauptsächlich: A. ascendens Boiss., A. leioclados Boiss., A. brachycalyx Fisch., A. gummifer Labill., A. microcephalus Willd., A. pycnocladus Boiss. et Hauskn., A. stromatodes Bge., A. kurdicus Boiss.

Off.: Das Gummi (Traganth): Tragacantha, Amer., Dänem., Deutschl., Engl., Finnl., Griech., Jap., Niedeil., Norweg., Schwd., Schwz., Ung., Gummi Tragacantha(ae), Rußl., Belg., Goma tragacanto, Span., Guma tragacanta, Rumän., Gomma adragantha, Portug., Gomma adragante, Ital., Gomme adragante, Frankr.

Hauptbestandteile: Bassorin und Arabin. Anwendung wie Gummi Acaciae. Auch beliebtes Konstituens für Pillen.

Glycirrhiza glabra L. (Gl. glabra L., var. typica Reg. et Herd.), ⚇|.. Südeuropa, Vorderasien, kultiviert hauptsächlich in Italien, Spanien, Ungarn, in kleinerem Maße auch in Österreich (Mähren) und Deutschland (Bayern).

Off.: Die Wurzeln und Ausläufer (spanisches, italienisches, mährisches usw. Süßholz): Rad. Liquiritiae, Belg., Deutschl., Finnl. (nennt Gl. glabra als Stammpflanze, beschreibt aber als Droge offenbar das russische Süßholz), Griech., Niederl., Österr., Liquiritia, Kroat., Serb., Licuiritie, Rumän., Rad. Glycirrhizae, Engl., Glycirrhiza, Amer., Réglisse, Frankr., Alcaçus, Portug., R. d. regaliz, Span.

Bestandteile und Anwendung wie bei der folgenden.

Glycirrhiza glandulifera Waldst. et Kit. (Gl. glabra L. var. glandulifera Reg. et Herd.). Sibirien, Kaukasus.

Off.: 1. Die geschälten Wurzeln (russisches Süßholz): Rad. Liquiritiae, Finnl. (s. o.), Jap., Niederl., Ung., Schwz., Rad. Liquiritiae mundata, Kroat., Österr., Rad. Glycirrhizae, Dänem., Norweg., Schwd., Rußl., Glycirrhiza, Amer., Liquiritia, Serb., Réglisse, Frankr.

Hauptbestandteil beider Süßholzsorten: Glycirrhicin = an Ca und Mg gebundene Glyzirrhizinsäure, diese spaltbar in Glyzirrhetinsäure und Glykuronsäure. Anwendung als Laxans, Korrigens und Demulcens. Auch als Volksmittel sehr beliebt (bei Husten). Ebenso:

2. Süßholzextrakt (Lakriz, Succus): Succus Liquiritiae (crud. bezw. depurat.), Deutschl., Jap., Kroat., Niederl., Schwz., Ung., Serb., Extract. Liquiritiae, Dänem., Österr., Suc de réglisse, Frankr.

Arachis hypogaea L., ⊙, Erdnuß. In Brasilien einheimisch, allgemein in den Tropen, stellenweise auch in Südeuropa kultiviert.

Off.: Das fette Öl der Samen (Erdnußöl): Ol. Arachidis, Deutschl., Schwz., Ol. d. amendorim (Ol. Mundubi), Portug.

Hauptbestandteil: Trioleïn. Technisch wichtiges Öl (Seifenfabrikation).

Pterocarpus Marsupium Roxb., Baum. Vorderindien, besonders Malabarküste.

Off.: Der eingetrocknete Saft (Malabar-Kino): Kino, Amer., Engl., Griech., Jap., Portug., Schwz., Guma Kino, Rumän.

Hauptbestandteil die Kinogerbsäure, daneben Kinorot usw. Anwendung als Adstringens.

Pterocarpus santalinus L. fil., Roter Santelbaum. Südindien und Philippinen.

Off.: Das Kernholz (rotes Santelholz, Caliaturholz): Lign. Santali rubrum, Jap., Österr., Schwd., Lign. santalinum, Niederl., Lign. Santali, Griech., Lign. Pterocarpi, Engl., Santalum rubrum, Amer., Santal roșu, Rumän., L. d. sandalo rojo, Span., Sandalo rubro, Portug.

Hauptbestandteil der Farbstoff Santalin (Santalsäure), wahrscheinlich als Glykosid vorgebildet. Obsolet. Als Volksmittel in diuretischen Teegemengen häufig. Technisch als Tischlerholz wichtig.

Andira Araroba Aguiar, „Angelim amargoso". Baum in Brasilien.
Off.: Das Pulver des zerfallenen Holzes (Araroba, Goapulver) und das darin den Hauptbestandteil bildende Chrysarobin. Araroba depurata, Österr., Araroba, Engl., **Araroba purifiée**, Frankr., **Crysarobinum**, Amer., Belg., Dänem., Deutschl., Engl., Jap., Niederl., Rußl., Schwd., Crisarobina, Ital.
Wird äußerlich als Reizmittel bei Hautkrankheiten häufig verwendet.

Dipterix odorata (Aubl.) Willd. (Coumarouna odorata Aubl.). Baum in Nordbrasilien, Guayana.
Off.: Die Samen (Tonkabohnen): Sem. Tonco, Jap.
Hauptbestandteil: Fettes Öl und Kumarin. Wegen des angenehmen Geruchs in Verwendung.

Abrus precatorius L. Jecquirity. Strauch in den Tropen der Alten und Neuen Welt.
Off.: 1. Die Samen † (Paternostererbsen, Jecquirity): Sem. d. Jequirity, Span.
Enthalten das Toxalbumin Abrin und werden ab und zu in der Augenheilkunde zur Erzeugung künstlicher Ophthalmien verwendet.
2. Die Blätter: Fol. Abri, Niederl.
Enthalten Abrin und Glycirrhizin.

Mucuna pruriens (L.) DC. (Dolichos pruriens L.) und **Mucuna urens** (L.) DC. (Dolichos urens L.). Tropen, Sträucher.
Off.: Die Brennhaare der Hülsenfrüchte: Dolichos (Pubes Mucunae), Portug.
Anwendung: Starkes — bei Einatmung nicht ungefährliches — Hautreizmittel.

Pueraria Thunbergiana (Sieb. et Zucc.) Benth., Strauch. China, Japan.
Off.: Die Wurzelstärke: Amylum (Kuzu), Jap.

Physostigma venenosum Balf., Schlingstrauch. Westafrika.
Off.: 1. Die Samen † (Kalabarbohnen): Sem. Physostigmatis, Engl., Griech., Jap., Physostigma, Amer., Sem. calabariense, Belg., Sem. Calabar, Finnl., Haba del Calabar, Span., Faba do Calabar, Portug.
2. Kalabarbohnenextrakt (Extractum Physostigmatis): Extract. Calabar, Finnl., Estract d. sem. d. Calabar, Rumän., Calabarino, Portug.
Wirksamer Bestandteil das Alkaloid Physostigmin (Eserin). Dieses in den meisten Ländern offizinell. Anwendung hauptsächlich nur äußerlich in der Augenheilkunde als Myotikum.

Reihe. Myrtales.

Thymelaeaceae.

Daphne Mezereum L., Seidelbast, Strauch. Europa, Westasien.
Off.: Die Rinde: Cort. Mezereï, Engl., Griech., Jap., Schwz., Mezereum, Amer., Mezereu, Rumän.

Wirksamer Bestandteil das harzige Mezereïn (Mezereïnsäureanhydrid) und ein Glykosid (Daphnin). Anwendung: Äußerlich als Epispastikum, hauptsächlich als Volksmittel.

Daphne Gnidium L. Strauch im Mittelmeergebiet.

Off.: Die Zweigrinde: Trovisco (Daphnoides vel Thymelaea), Portug. Enthält ein scharfes Harz. Anwendung wie die vorige.

Nyssaceae.

Nyssa silvatica Marsh. (N. multiflora Wangh., N. aquatica L. pr. p.), Peperidge, Sour gum, Tupelo. Baum in Nordamerika; wohl auch N. uniflora, Wangenh. und N. Ogeche Marsh., in der Küstenregion der atlantischen Staaten Nordamerikas, in Sümpfen.

Off.: Das Holz (Tupelo, Lign. Tupelo): Leño d. tupelo, Span. Anwendung zu Quellstiften.

Lecythidaceae.

Bertholletia excelsa Humb. et Bonpl. (auch B. nobilis Miers.), Baum in Nordbrasilien, Venezuela, Guayana, Trinidad.

Off.: Die Samen (Para- oder brasilianische Nüsse): Castanha do Maranhão (Nux Castaneae brasiliensis), Portug.

Hauptbestandteil fettes Öl und Eiweiß. Dienen als Nahrungsmittel und zur Ölgewinnung.

Myrtaceae.

Myrtus communis L., Myrte, Strauch. Mittelmeergebiet, dort auch kultiviert.

Off.: 1. Die Blätter (Fol. Myrti): Murta, Portug., H. d. arrayán, Span.

Enthalten ätherisches Öl.

2. Die Früchte (Baccae Myrti): Arrayán, Span.

Als Heilmittel sind beide Drogen längst obsolet. Früher als Adstringens und Tonikum. Myrtenöl wird in der kosmetischen Industrie (Eau d'ange) gebraucht und wurde auch als Antiseptikum und Anthelminthikum empfohlen.

Psidium Guaiava L. (umfaßt mehrere Formen). Baum im tropischen Amerika, in den ganzen Tropen kultiviert.

Off.: Die Blätter (Djamboe-Blätter): Fol Psidii, Niederl.

Hauptbestandteil: Fettes und ätherisches Öl (darin Eugenol) sowie Gerbsäure. Anwendung bei Gastroenteritis, als Fiebermittel und als Stomachikum. In Java Volksmittel bei Cholera.

Pimenta officinalis Berg. (Myrtus Pimenta L., Eugenia Pimenta DC.), Baum. Einheimisch in Westindien und Zentralamerika. In den Tropen (besonders Ostindien) kultiviert.

Off.: 1. Die unreifen Früchte (Nelkenpfeffer, Neugewürz, Fruct. Pimentae, auch „Semen" Amomi): Pimenta, Amer., Engl., Pimienta d. l. Jamaica, Span., Pimenta d. Jamaica, Portug.

Hauptbestandteil: Ätherisches Öl (s. u.!), darin Cineol, Eugenol etc. Anwendung als aromatischer Zusatz' zu pharm. Präparaten. Stomachikum. Beliebtes Gewürz.

2. Das ätherische Öl: Ol. Pimentae, Amer., Engl.
Anwendung wie die Früchte.

Caryophyllus aromaticus L. (Jambosa Caryophyllus Niedenz., Eugenia caryophyllata Thunb.), Gewürznelkenbaum. Ursprünglich einheimisch auf den Molukken und den südlichen Philippinen, durch Kultur über die ganzen Tropen verbreitet. Besonders wichtig die Kulturen in Sansibar und Pemba, Amboina und Cajenne.

Off.: 1. Die Blütenknospen (Gewürznelken): Caryophylli (Caryophyllus) Amer., Deutschl., Engl. (hier Caryophyllum), Griech., Jap., Kroat., Niederl., Rußl., Schwz., Serb., Fl. Caryophylli, Belg., Dänem., Finnl., Norweg., Österr., Schwd., Ung., Girofle, Frankr., Garofani, Ital., Clavo de especia, Span., Cravinho, Portug., Cuişóre, Rumän.

Hauptbestandteil: Ätherisches Öl (Nelkenöl s. d.).

2. Das ätherische Öl (Nelkenöl): Ol. Caryophylli (Caryophyllorum): Amer., Deutschl., Engl., Finnl., Jap., Kroat., Niederl., Rußl., Schwz., Serb., Ung., Ol. d. cariofile, Rumän., Aetherol. Caryophyll., Dänem., Norweg., Ess. d. clavo, Span., Ess. d. garofani, Portug., Ess. d. girofle, Frankr.

Hauptbestandteil: Eugenol (s. u.!), Caryophyllen etc.

3. Eugenolum: Amer., Belg., Niederl., Österr., Schwd.

Gewürznelken und deren Derivate sind wegen der antiseptischen und aromatischen Eigenschaften viel zu Mundwässern und als Magenmittel etc. in Verwendung.

Syzygium Jambolana (Lam.) DC. (Eugenia Jambolana Lam.) Baum. Im ostindisch-malaiischen Gebiet bis China und Neu-Südwales, dort und auch auf Mauritius (Isle de France) und den Antillen kultiviert.

Off.: 1. Die Samen (Jambul): Sem. Syzygii, Niederl.

2. Die Rinde: Cort. Syzygii, Niederl.

Chemisch wenig untersucht. In der Rinde Gallussäure, in den Früchten Harz und vielleicht ein Alkaloid, angeblich ein Glykosid „Antimellin". Nach neuesten Untersuchungen ein Phenol „Jambulol", doch kein Glykosid oder Alkaloid vorhanden.

Die Samen wurden gegen Diabetes empfohlen, die Rinde als Adstringens.

Eucalyptus Globulus Labill., Fieberbaum, Blue gum-tree. Australien, im Mittelmeergebiet kultiviert.

Off.: 1. Die Blätter: Fol. Eucalypti, Belg., Griech., Ital., Jap., Niederl., Schwz., Eucalyptus, Amer., Frankr., Kroat., Serb., H. d. eucalypto, Span., Eucalypto (folh.), Portug., Eucalipt, Rumän.

Hauptbestandteil: Ätherisches Öl (s. u.!).

2. Das ätherische Öl der Blätter (Eukalyptusöl. Es stammt auch von anderen Eucalyptus-Arten): Ol. Eucalypti, Amer., Engl., Jap., Kroat.,

Ung., Ol. d. eucalipt, Rumän., Aetherol. Eucalypti, Norweg., Ess. d. eucalypto, Span., Ess. d'eucalyptus, Frankr.

Hauptbestandteil: Cineol (Eucalyptol, s. u.!).

3. **Eucalyptolum**, Amer., Belg., Frankr., Portug., Schwd., Schwz.

Eukalyptuspräparate dienten früher als Fiebermittel. Gegenwärtig sind sie wegen der antiseptischen Eigenschaften des Cineols zu Mundwässern, Inhalationen etc. noch beliebt.

4. Die Rinde (Cort. Eucalypti): Eucalypto (casca), Portug.

Eucalyptus rostrata Schlecht., Red gum-tree, Australien. In Südeuropa, Algier kultiviert.

Off.: Gummi (Red gummi, Creek gum): Eucalypti Gummi, Engl. Enthält einen Gerbstoff und Cineol.

Anwendung als Adstringens, ferner bei Seekrankheit.

Melaleuca Leucadendron L., Cajeputbaum (vereinigt zwei Varietäten: var. Cajeputi Roxb. und var. minor Sm.). Ostindisch-malaiisches Gebiet bis Nordaustralien, auch kultiviert.

Off.: Das ätherische Öl aus den Blättern (Cajeputöl): Ol. Cajuputi, Amer., Engl., Niederl., Österr., Rußl., Ol. Cajeputi, Jap., Schwz., Ess. d. cajeput, Ital., Span., Ess. d. cajepute, Portug., Aetherol. Cajuputi, Norweg.

Hauptbestandteil Cineol (Cajeputol). Ziemlich obsolet. Beliebt noch (mehr als Volksmittel) zu reizenden Einreibungen bei Rheumatismus, zu Zahn- und Ohrtropfen etc.

Punicaceae.

Punica Granatum L. Granatapfelbaum. Wild im südöstlichen Europa und in Asien bis zum Himalaja. Kultiviert im Mittelmeergebiet und in fast allen tropischen und subtropischen Ländern

Off.: 1. Die Rinde: Cort. Granati (bevorzugt gewöhnlich die Wurzelrinde): Belg., Dänem., Deutschl., Engl., Griech., Jap., Niederl., Österr., Rußl., Schwz., Cort. Punicae Granati, Ung., Cort. d. granado, Span., Melogranado, Ital., Punica Granatum, Kroat., Serb., Romeiro (casc. d. raiz.), Portug., Grénadier, Frankr., Granat, Rumän.

Wirksame Bestandteile mehrere Alkaloide (Pelletierin, Iso-, Methyl- und Pseudopelletierin) und glykosidische Gerbsäuren. Anwendung: Viel benütztes Bandwurmmittel.

2. Die Fruchtschalen: Cort. fructus Granati, Niederl., Romeiro (epicarpo secco), Portug., Granat, Rumän.

Enthält hauptsächlich Gerbstoffe (glykosidische Gerbsäuren). Wohl obsolet. Wirkung wie die Stammrinde, doch stärker adstringierend. Gerbematerial.

3. Der Fruchtsaft: Zumo de granada, Span.

Wegen des Gehaltes an Zucker und Pflanzensäuren zu erfrischenden Getränken verwendet. Bei uns nicht gebräuchlich.

4. Die Blüten (Fl. Granati): Romeiro (fl.), Portug.

Obsolet. Früher wie die Rinde verwendet.

Reihe. Umbelliflorae.

Araliaceae.

Panax quinquefolius L. (Aureliana canadensis Laft.). Ginseng, ♃.
Von Kanada bis zu den südlichen Vereinigten Staaten, dort auch kultiviert.
Off.: Die Wurzel (Ginseng): Ginsão, Portug.
Bei uns nicht gebräuchlich. In China (zugleich mit Panax Ginseng C. A. Meyer) das wichtigste Arzneimittel gegen alle möglichen Krankheiten, besonders aber als Aphrodisiacum.

Umbelliferae.

Hydrocotyle asiatica L., Wassernabel, ♃. Südasien, Afrika, Amerika.
Off.: Die Blätter: Fol. Hydrocotyles, Niederl., H. d. hidrocotila, Span.
Chemisch wenig bekannt. „Vellarin", ein öliger Körper, angeblich wirksam. Anwendung: Früher als Diuretikum. Bei uns obsolet.

Anthriscus Cerefolium (L.) Hoffm. (Scandix Cerefolium L.), Kerbel, ⊙, häufig kultiviertes Küchenkraut. Einheimisch in Südrußland und Westasien.
Off.: Das Kraut (Herb. Cerefolii oder Paederotis): Cerefolho, Portug. Obsolet. Früher der frische Saft bei Lungenkrankheiten, als Diuretikum etc.

Coriandrum sativum L., Koriander, ⊙. Mittelmeergebiet, Orient, in Mittel- und Südeuropa kultiviert.
Off.: 1. Die Früchte: Fruct. Coriandri, Belg., Dänem., Engl., Griech., Niederl., Norweg., Österr., Ung., Coriandrum, Amer., Kroat., Serb., Coriandru, Rumän., Coriandre, Frankr., Fr. d. cilantro, Span., Coentro, Portug.
Hauptbestandteile: Ätherisches Öl (s. u.!) und Fett. Anwendung: Als Karminativum, doch nur pharmazeutisch, wichtiges Gewürz.
2. Das ätherische Öl: Ol. Coriandri, Amer., Engl.
Hauptbestandteil: d-Linalool (Coriandrol).

Conium maculatum L., Gefleckter Schierling, ⊙. Gemäßigtes Europa und Asien, Kanaren, eingewandert im nordöstlichen Amerika, Kalifornien, kultiviert in Deutschland.
Off.: 1. Das blühende Kraut oder die Blätter †: Herb. Conii, Finnl., Griech., Österr., Fol. Conii, Engl., H. d. cicuta, Span., Cicuta, Portug., Rumän.
2. Der Preßsaft aus dem Kraute †: Succus Conii, Engl.
3. Die Früchte †: Fruct. Conii, Engl., Conium, Amer., Cicuta (mericarpo), Portug., Ciguë officinale, Frankr., Fr. d. cicuta, Span.
Wirksamer Bestandteil aller drei Drogen das Alkaloid Coniin. Anwendung: Nur mehr äußerlich und selten zu krampf- und schmerzstillenden Salben etc.

Cuminum Cyminum L., Mutter- oder Römischer Kümmel, ☉. Orient, Mittelmeergebiet, dort auch kultiviert.

Off.: Die Früchte: Fruct. Cumini, Belg., Griech., Cominhos. Portug., Chimeon, Rumän.

Enthalten ätherisches Öl, darin Cuminaldehyd (Cuminol). Anwendung: Volkstümliches Karminativum.

Apium graveolens L., Sellerie, ☉. Von den Kanaren bis Arabien und Britisch-Indien einheimisch, verbreitet und kultiviert in Europa, Nordamerika und Südamerika.

Off.: Die Wurzel (Rad. Apii): R. d. apio, Span., Appio palustre, Ital., Ache de marain, Frankr., Aipo, Portug. (von der var. **lusitanica** DC.).

Enthält Apiin (Glykosid), Asparagin etc. Volkstümliches Diuretikum. Beliebtes Gemüse.

Petroselinum hortense Hoffm. (Petros. sativum Hoffm., Carum Petroselinum Benth. et Hook.), Petersilie, ☉. Einheimisch im Mittelmeergebiet. Als Gemüsepflanze häufig kultiviert.

Off.: 1. Die Wurzel: Rad. Petroselini, Österr., R. d. perejil, Span., Prezzemolo, Ital., Persil, Frankr., Salsa (raiz)., Portug.

Hauptbestandteil: Ätherisches Öl, darin wahrscheinlich Apiol. Anwendung: Volkstümliches Diuretikum.

2. Die Früchte: Fructus Petroselini, Finnl., Schwd., Schwz., Salsa (mericarpo), Portug.

Enthalten ätherisches Öl (s. u.!). Anwendung: Wie die Wurzel.

3. Das ätherische Öl der Früchte: Aetherol. Petroselini, Dänem., Norweg.

Hauptbestandteil: Apiol.

Carum Carvi L., Kümmel, ☉. Nördliche Hemisphäre, häufig kultiviert.

Off.: 1. Die Früchte (Kümmel): Fruct. Carvi, Deutschl., Engl., Finnl., Griech., Jap., Österr., Schwd., Schwz., Carum, Amer., Alcaravia, Portug.

Hauptbestandteil: Ätherisches Öl (Kümmelöl, Ol. Carvi, s. u.!).

2. Das ätherische Öl (Kümmelöl): Ol. Carvi, Deutschl., Engl., Kroat., Schwz., Serb., Ol. Cari, Amer., Ess. d. alcaravia, Portug., und sein sauerstoffhältiger Hauptanteil: Carvonum, Jap., Österr., Schwd.

Anwendung: Volkstümliches Karminativum, besonders bei Koliken beliebt. Bekanntes Gewürz, zu Likören viel gebraucht.

Pimpinella Anisum L., Anis, ☉. Mittelmeergebiet, dort und in Mitteleuropa, sowie in Rußland viel kultiviert.

Off.: 1. Die Früchte (Anis): Fruct. Anisi, Belg., Dänem., Deutschl., Engl., Finnl., Jap., Niederl., Norweg., Schwd., Schwz., Fr. d. aniso, Span., Fr. Anisi vulgaris, Griech., Österr., Rußl., Ung., Anisum vulgare, Kroat., Anisum, Amer., Serb., Anice, Ital., Anis vert., Frankr., Anason, Rumän., Aniz, Portug.

Hauptbestandteil: Ätherisches Öl (Anisöl, Ol. Anisi, s. u.!). Sehr beliebtes Volksmittel, hauptsächlich als Karminativum, Laktagogum, als Hustenmittel etc. Beliebtes Gewürz, viel gebraucht in der Likörfabrikation.

2. Das ätherische Öl (Anisöl): Ol. Anisi, Amer., Deutschl., Engl., Finnl., Kroat., Niederl., Rußl., Schwz., Serb., Ung., Aetherol. Anisi, Dänem., Norweg., Ess. d. anice, Ital., Ess. d. anis, Span., Ess. d. aniz, Portug., Ess. d'anis, Frankr., Ol. d. anason, Rumän. und der sauerstoffhaltige Hauptanteil desselben: Anetholum: Belg., Jap., Österr., Schwd. Anwendung wie die Früchte.

Pimpinella Saxifraga L. und **Pimpinella magna** L., Bibernell, ꝛ|.. Europa, Asien, auch kultiviert.

Off.: Der Wurzelstock und die Wurzel: Rad. Pimpinellae, Deutschl., Norweg., Schwd., Schwz., Rhiz. Pimpinellae, Dänem.

Enthält ätherisches Öl und einen Bitterstoff (Pimpinellin). Anwendung: Selten noch als Expektorans, beliebt als Volksmittel.

Oenanthe Phellandrium Lam. (Phellandrium aquaticum L.), Wasserfenchel ⊙. Europa bis Persien und Sibirien.

Off.: Die Früchte (Fruct. Phellandrii): Fr. d. felandrio, Span., Fellandrio, Ital., Phellandrio, Portug., Sem. Phellandrii, Griech., Felandriu, Rumän.

Sie enthalten ätherisches Öl, darin Phellandren und Androl. Ehemals bei Lungenleiden sehr beliebt. Gegenwärtig noch manchmal zu Asthmapräparaten. Als Volksmittel häufiger.

Foeniculum vulgare Mill. (Foenic. officinale All. und Foen. capillaceum Gilib., einschließlich Foenic. dulce Mill.), Fenchel, ꝛ|.. Mittelmeergebiet bis Kurdistan und Persien, Ungarn. Kultiviert.

Off.: 1. Die Früchte (Fenchel): Fruct. Foeniculi, Belg., Dänem., Deutschl., Engl., Finnl., Jap., Niederl., Norweg., Österr., Rußl., Schwd., Schwz., Ung., Sem. Foeniculi, Griech., Foeniculum, Amer., Kroat., Serb., Fenicul, Rumän., Fenouil doux, Frankr., Hinojo, Span., Funcho (mericarp.), Portug.

Hauptbestandteil: Ätherisches Öl, darin Anethol, Fenchon etc. Beliebtes Volksmittel, wie Anis, früher auch zu Augenwässern; Gewürz, viel verwendet in der Likörfabrikation.

2. Die Wurzel: Fenouil doux (racine), Frankr., Funcho (Raiz), Portug.

3. Die Blätter: Fenouil doux (feuill.), Frankr.

4. Das ätherische Öl aus den Früchten (Fenchelöl): Ol. Foeniculi, Amer., Deutschl., Finnl., Jap., Kroat., Niederl., Österr., Rußl., Schwz., Serb., Aetherol. Foeniculi, Dänem., Norweg., Ess. Foeniculi, Belg., Ess. d. funcho, Portug., Ol. d. fenicul, Rumän.

Anwendung wie Anisöl.

Anethum graveolens L. (Peucedanum graveolens Benth. et Hook.), Dill ⊙. Indien, Persien, Kaukasus, kultiviert besonders im Mittelmeergebiet und England, auch in Deutschland, als Gemüsepflanze und zur Öldestillation.

Off.: 1. Die Früchte: Fruct. Anethi, Engl., Griech., Endro, Portug.

Hauptbestandteil: Ätherisches Öl (s. u.!). Volksmittel wie Anis. Ebenso:

2. Das ätherische Öl: Ol. Anethi, Engl.

Hauptbestandteil: Carvon.

Angelica Archangelica L. (Archangelica officinalis Hoffm.), Engelswurz ⊙. Nordeuropa, Sibirien, in Deutschland und den nordischen Staaten kultiviert.

Off.: 1. Der Wurzelstock mit den Wurzeln: Rad. Angelicae, Deutschl., Griech., Österr., Schwz., Ung., Rhiz. et rad. Angelicae, Rußl., Angelica, Ital., Kroat., Portug., Rumän., Angélique, Frankr.

Hauptbestandteile: Ätherisches Öl (darin d-Phellandren), ein harziger Körper (Angelicin), Angelikasäure usw. Selten verordnet, früher als Nervinum. Volksmittel. Häufig zu Likören. Ebenso:

2. Die Blätter: Feuill. d'angélique, Frankr.

Levisticum officinale Koch (Ligusticum Levisticum L.), Liebstöckel ⚄.. Südeuropa, auch kultiviert (Deutschland, Ungarn).

Off.: Der Wurzelstock und die Wurzeln: Rad. Levistici, Deutschl., Griech., Schwz.

Enthält ätherisches Öl. Diuretikum und Nervinum, selten verordnet. Häufig als Volksmittel.

Ferula Assa foetida L., Stein- und Salzwüsten in Persien, Afghanistan, Herat, **Ferula foetida** Rgl. (F. Scorodosma Bentl. et Trim., Scorodosma foetidum Bunge), Aralo — kaspische Wüste, nach Norden bis zum Syr Darja, nach Süden bis Persien (vielleicht auch **F. Narthex** Boiss., westliches Tibet), ⚄..

Off.: Das Gummiharz aus der Wurzel (Asant): Asa foetida, Amer., Belg., Deutschl., Frankr., Griech., Jap., Kroat., Niederl., Schwz., Serb., Asa fetida. Engl., Rumän., Span., Assa fetida, Ital., Portug., Gummires. Asa foetida, Dänem., Finnl., Norweg., Österr., Rußl., Schwd.

Enthält Harz, Gummi, ätherisches Öl, im Harz Asaresinotannol und Ferulasäure, frei und als Ester, sowie Umbelliferon. Das ätherische Öl ist schwefelhältig. Anwendung als altes Nervinum bei Hysterie etc., speziell als Antispasmodikum. Im Orient als Gewürz.

Ferula sp. (vielleicht **Ferula persica** Willd., oder F. Szowitziana DC.), Transkaukasien, Persien, ⚄..

Off.: Das Gummiharz (Sagapen): Sagapeno, Portug.

Enthält Umbelliferon und den Sagaresinotannoläther des Umbelliferons. Gegenwärtig obsolet, früher wie Asa foetida verwendet gewesen.

Ferula galbaniflua Boiss. et Buhse, ⚄.. Persien, Afghanistan, und **F. rubricaulis** Boiss. Südpersien, ⚄..

Off.: Das Gummiharz (Mutterharz): Galbanum, Belg., Deutschl., Engl., Frankr., Griech., Jap., Niederl., Schwz., Galbano, Ital., Portug., Span., Galban, Rumän., Gummires. Galbanum, Dänem., Finnl., Norweg., Österr., Rußl., Schwd.

Enthält Harz, Gummi und ätherisches Öl, im Harz Umbelliferon frei und als Ester mit Galbanoresinotannol. Anwendung gegenwärtig nur äußerlich zu reizenden Pflastern. Früher als Emmenagogum und Antikatarrhale. Hauptsächlich als Volksmittel.

Ferula Sumbul (Kauffm.) Hook. fil. (Euryangium Sumbul Kauffm.), ♃.. Mittelasien, Ostsibirien.

Off.: Die Wurzel: Rad. Sumbul, Engl., Griech., Sumbul, Amer., Sumbula, Portug.

Enthält ätherisches Öl, Umbelliferon, Angelika- und Valeriansäure etc. Anwendung in einigen Ländern als Nervinum.

Dorema Ammoniacum D. Don, ♃.. Persien bis Afghanistan (und wahrscheinlich auch **Dorema Aucheri** Boiss. und **D. aureum** Stok., Beludschistan).

Off.: Das Gummiharz: Ammoniacum, Deutschl., Engl., Jap., Kroat., Niederl., Schwz., Serb., Amoniaca, Rumän., Gummires. Ammoniacum, Dänem., Finnl., Norweg., Österr., Rußl., Schwd., Gomo-resina amoniaco, Span., Gummi Ammoniacum, Belg., Gomma ammoniaco, Ital., Gomma ammoniaca, Portug., Gomme ammoniaque, Frankr.

Enthält ätherisches Öl, Harz, Gummi, im Harz Salicylsäure, frei und mit Ammoresinotannol in Esterform. Anwendung selten mehr innerlich (als Diuretikum etc.). Gewöhnlich bloß pharmazeutisch zu Pflastern (Diachylon etc.) verwendet.

Opopanax Chironium (L.) Koch (Pastinaca Opopanax L. und Laserpitium Chironium L.), ♃.. Westliches Mittelmeergebiet bis Dalmatien.

Off.: Das Gummiharz: Opoponax, Portug.

Enthält u. a. den Ferulasäureester des Oporesinatannols etc. Wohl gänzlich obsolet. Früher wie Ammoniacum verwendet gewesen.

Laserpitium Siler L., ♃., **Laserpitium latifolium** L., ♃.. Beide in Europa. **Thapsia villosa** L., ♃.. Mittelmeergebiet, werden von der span. Pharm. als Stammpflanzen der „Fructus Seseli rustici": Fr. d. comino rustico, Span., bezeichnet. Anwendung wohl höchstens als Volksmittel in Spanien gegen Flatulenz etc.

Thapsia garganica L., ♃., Spanischer Turbith. Mittelmeergebiet.

Off.: 1. Die Wurzel (gewöhnlich bloß die Wurzelrinde, Rad. Thapsiae): R. d. tapsia, Span., Tapsia, Portug.

Hauptbestandteil: Ein Harz (Milchsaft s. u.!), darin Thapsiasäure, Isovaleriansäure etc. Anwendung früher als Purgans, örtlich stark reizend und daher zu hautreizenden Pflastern.

2. Das Harz: Resina Thapsiae, Belg., Res. d. tapsia, Frankr., Span.

Daucus Carota L. var. **sativa** DC., Möhre, gelbe Rübe. ⊙, Kulturpflanze. Wild verbreitet in Europa, Asien, Nordafrika.

Off.: Die Wurzel (Rad. Dauci vel Carotae vel Staphylini): Cenoura, Portug.
Enthält ein ätherisches Öl, Caroten, Carotin (roter Farbstoff), Hydrocarotin etc. Obsolet.

II. Unterklasse. Sympetalae.
Reihe. Bicornes.
Pirolaceae.

Chimaphila umbellata (L.) Nutt. (Prince's pine), ♃.. Nordamerika, nördliches Europa, Sibirien.
Off.: Die Blätter: Chimaphila, Amer.
Enthalten Chimaphilin, Arbutin, Ericolin (Glykoside), Tannin. Anwendung als Diuretikum, bei Gicht.

Ericaceae.

Gaultheria procumbens L., kleiner Strauch. Nordamerika.
Off.: Das ätherische Öl (Wintergreen-oil): Ol. Gaultheriae, Amer.
Wirksamer Bestandteil Methylsalicylat. Beliebtes Volksmittel zu Einreibungen bei Rheumatismus etc.

Arctostaphylos Uva ursi (L.) Spreng. (Arctostaphylos officinalis Wimm., Arbutus Uva ursi L.), Bärentraube, kleiner Strauch. Verbreitet durch Mittel- und Nordeuropa, Ostsibirien, Grönland, Nordamerika.
Off.: Die Blätter: Fol. Uvae ursi, Belg., Dänem., Deutschl., Finnl., Griech., Jap., Niederl., Norweg., Österr., Rußl., Schwd., Schwz., Ung., Uva ursi, Amer., Kroat., Rumän., Serb., Uva ursina, Ital., Portug., Busserole, Frankr.
Enthalten Arbutin, Methylarbutin, Ericolin (Glykoside), Gerbstoff etc. und als Spaltungsprodukt des Arbutins Hydrochinon. Ziemlich beliebt als Diuretikum bei Blasenleiden.

Vaccinium Myrtillus L., Heidelbeere. Kleiner Strauch. Mittel- und Nordeuropa, Nord- und Ostasien, Nordamerika.
Off.: Die Früchte: Fruct. Myrtilli, Niederl., Norweg., Österr., Schwd., Schwz., Arando, Portug.
Enthalten Invertzucker, Apfelsäure, Gerbstoff und einen glykosidischen Farbstoff.
Als Volksmittel gegen Diarrhöe. In neuerer Zeit gegen Hautkrankheiten und Diabetes mellitus empfohlen. Beliebtes Obst.

Reihe. Primulales.
Primulaceae.

Cyclamen europaeum L., ♃.. Alpenveilchen, Saubrot. Mittel- und Südeuropa.
Off.: Der Wurzelknollen (Rhiz. Arthanitae) †: Riz. d. Artanita, Span., Arthanita, Portug.
Wirksamer Bestandteil das Glykosid Cyclamin (ein Saponin). Bei uns wohl obsolet. Früher als Emetikum und Purgans.

Reihe. Diospyrales.
Styracaceae.

Styrax Benzoin Dryand., Baum in Sumatra, Borneo, Java, dort auch kultiviert, sowie eine noch nicht genau bekannte **Styrax**-Art in Siam.

Off.: Das Harz (gewöhnlich vorgeschrieben die Siam-Benzoë): Benzoë, Belg., Deutschl., Griech., Kroat., Jap., Niederl., Rumän., Schwz., Serb., Ung., Res. Benzoë, Dänem., Finnl., Norweg., Österr., Rußl., Schwd., Benzoino, Ital., Benzoin, Engl., Benjui, Span., Benjoin, Frankr., Benjoim, Portug.

Siambenzoë enthält freie Benzoësäure (und dient zur Herstellung derselben für pharmazeutische Zwecke), ferner u. a. die Benzoësäureester des Siaresinotannols und Benzoresinols, Vanillin etc. Sumatrabenzoë enthält freie Benzoësäure und Zimtsäure, Zimtsäurezimtester (Styracin), sowie Ester der Zimtsäure mit Sumaresinotannol, Benzoresinol usw., ferner Vanillin etc. Anwendung: Wegen des Wohlgeruches und der antiseptischen Eigenschaften hauptsächlich zu Mundwässern, Pflastern etc., sowie in der Parfumerie und Kosmetik.

Styrax officinalis L., Strauch in Südeuropa und Kleinasien, häufig im Mittelmeergebiet kultiviert.

Off.: Das Harz (fester Styrax*): Estoraque (Styrax calamita), Portug. Gänzlich obsolet und im Handel gegenwärtig wohl kaum erhältlich.

Symplocaceae.

Symplocos odoratissima (Bl.) Chois., Java.
Off.: Die Blätter: Fol. Symploci, Niederl.

Sapotaceae.

Payena- und **Palaquium**-Arten, wie Palaquium oblongifolium Burck., Pal. Treubii Burck., Pal. borneense Pierre, Pal. Gutta (Hook.) Burck. (Isonandra Gutta Hook., Dichopsis Gutta Benth.), diese nur mehr kultiviert, Payena Leerii (Teysm. et Binnd.) Benth. et Hook. u. a., Bäume des indo-malaiischen Gebietes.

Off.: Der eingetrocknete Milchsaft: Gutta Percha, Belg., Deutschl., Frankr., Griech., Jap., Schwz., Serb., Guttapercha, Kroat., Portug., Span., Guttapercha alba und laminata, Schwd., Gummi plasticum, Niederl. (in Indien auch Balata zulässig).

Wesentliche Bestandteile der Kohlenwasserstoff Gutta und die harzartigen Oxydationsprodukte Alban und Fluavil. Anwendung: Als Verbandmaterial, wichtiger technisch (zu Kabeln).

Pradosia lactescens (Vell.) Radlk. (Lucuma glycyphloea Mart. et Eichl., Chrysophyllum glycyphloeum Casaretti). Baum in Brasilien.

Off.: 1. Die Rinde: Cortex Monesiae (Cort. Buranhem), Portug.
2. Ein trockenes Extrakt aus der Rinde: Extract. Monesiae, Portug.

---
*) Der gewöhnliche Styrax des Handels stammt von Liquidambar orientalis (s. d.!), ebenso auch Styrax Calamita.

Enthält sehr viel Gerbstoff, ein Saponin „Monesin" und Glycirrhizinsäure. Wurde als Adstringens und Hämostatikum empfohlen.

Mimusops Balata Gaertn., Baum. Guayana und Antillen, auch kultiviert, und andere Mimusops-Arten.

Off.: Der getrocknete Milchsaft (Balata): Als Substitution für Gummi plasticum, Niederl., in Niederl.-Indien zulässig.

Zusammensetzung ähnlich der Guttapercha: Gutta, Fluavil, Alban etc. Als Verbandmaterial und technisch verwendet.

Reihe. Convolvulales.

Convolvulaceae.

Exogonium Purga (Wender.) Benth. (Ipomoea Purga Hayne), ♃. Gebirge in Mexiko, in den Tropen kultiviert.

Off.: 1. Die Wurzelknollen (Jalapawurzel): Tub. Jalapae, Belg., Dänem., Deutschl., Finnl., Griech., Ital., Norweg., Rußl., Schwd., Schwz., Rad. Jalapae, Amer., Jap., Niederl., Österr., Ung., Jalapa, Engl., Kroat., Portug., Rumän., Serb., Gialapa, Ital., Jalap, Frankr., R. d. Jalapa, Span.

Wirksamer Bestandteil: Harz (Resina Jalapae, s. u.!). Anwendung als Purgans. Ebenso:

2. Das Harz der Wurzelknollen (Jalapaharz): Res. Jalapae, Amer., Belg., Dänem., Deutschl., Engl., Finnl., Griech., Jap., Kroat., Niederl., Norweg., Österr., Rumän., Rußl., Schwd., Schwz., Serb., Ung., Res. d. Jalapa, Portug., Span., Res. d. Jalape, Frankr.

Bestandteile nach früheren Angaben Convolvulin (Glykosid) und Convolvulinsäure, Jalapin etc., nach neuesten Untersuchungen β-Methyläskuletin, Ipurganol, Convolvulinolsäure, Ipurolsäure und mehrere andere Säuren der Fettsäurereihe etc.

Operculina Turpethum (L.) Peter (Ipomoea Turpethum R. Br., Convolvulus Turp. L.). Halbstrauch in Ostindien.

Off.: Die Wurzel (Turbithwurzel): Rad. Turpethi, Griech., R. d. turbit, Span., Turbith vegetal, Portug., Turpith, Frankr.

Wirksamer Bestandteil: Das Turpetharz, darin die Glykoside Turpethin und α- und β-Turpetheïn. Anwendung als Purgans.

Operculina macrocarpa (L.) Urban (Operc. Convolvulus S. Manso, Piptostegia Gomesii Mart. Convolvulus operculatus Gom.), ♃. Westindien und Brasilien und **Operculina tuberosa** (L.) Meißn. (Piptostegia Pisonis Mart.). Zentralamerika und Ostindien.

Off.: Die Wurzelknollen: Jalapa do Brazil, Portug.

Enthalten abführend wirkendes Harz, wurden früher auch zur Herstellung von Stärke benützt.

Convolvulus Scammonia L., Purgierwinde, ♃. Kleinasien.

Off.: 1. Die Wurzel: Rad. Scammoniae, Engl., Schwz.

Wirksamer Bestandteil ein abführendes Harz (s. u.!).

2. Das Rohharz der Wurzel: Scammonium, Amer., Engl., Escamonea, Portug., Span., Scammonée d'Alep, Frankr., Scamonea,

Rumän. und daraus das Reinharz: Resina Scammoniae (oder Scammonii), Amer., Belg., Engl., Norweg., Griech., R. d. scammonea, Ital. Hauptbestandteil: Das Glykosid Jalapin (Scammonin, Orizabin). Anwendung als drastisches Abführmittel.

Cuscutaceae.

Cuscuta umbellata Humb. Bonpl. Knth., **Cuscuta racemosa** Mart., u. a. ⊙, Brasilien.

Off.: Das Kraut: Cuscutas, Portug.

Anwendung: In Südamerika als Wundmittel, bei Angina, Hämoptoë. Gänzlich obsolet.

Reihe. Tubiflorae.

Hydrophyllaceae.

Eriodictyon glutinosum Benth. (E. californicum Greene), Strauch in Kalifornien, sowie wohl auch andere E.-Arten.

Off.: Die Blätter (Yerba santa): Eriodictyon, Amer.

Wirksame Bestandteile nach früheren Angaben Ericolin, Eriodyctionsäure etc., nach neueren Untersuchungen Eriodictyonon (Homoëriodictyol), Harz, ätherisches Öl etc.

Anwendung: In neuerer Zeit empfohlen als Geschmackskorrigens, da es den Geschmack bitterer Substanzen (durch Lähmung der geschmackempfindlichen Nervenenden) aufhebt.

Boraginaceae.

Cynoglossum officinale L., Hundszunge, ⊙. Gemäßigtes Europa, Sibirien, Vereinigte Staaten von Nordamerika — atlantische Seite. Kultiviert in Deutschland.

Off.: 1. Die Wurzel: Rad. Cynoglossi, Dänem., Norweg., R. d. cinoglossa, Span.

2. Die Wurzelrinde: Cynoglosse, Frankr., Cynoglossa, Portug.

Die Wurzel enthält nach älteren Untersuchungen angeblich Inulin und wird als Mucilaginosum in der Volksmedizin bei Katarrhen, Hämoptoë etc. ab und zu angewendet. Im Kraut ein Alkaloid Cynoglossin, Consolidin (Glykosid) etc.

Symphytum officinale L., Beinwell ♃. Gemäßigtes Europa bis zum westlichen Sibirien.

Off.: Die Wurzel (Rad. Consolidae majoris s. Symphyti): Consolda major. Portug.

Enthält Schleim, Asparagin, nach neuesten Untersuchungen Allantoin; im Kraut ein Alkaloid „Symphyto-Cynoglossin" von lähmender Wirkung. Anwendung: Ehemals Wundmittel, gegenwärtig noch Volksmittel.

Borago officinalis L., Boretsch ⊙. Südeuropa, Vorderasien. In Mitteleuropa häufig kultiviert.

Off.: 1. Die Blüten: Fl. d. borraja, Span., Bourrache, Frankr.

2. Die Blätter und Blüten: Borragem, Portug., Borago, Rumän.

Chemisch wenig bekannt. Anwendung nur mehr als Volksmittel (Mucilaginosum), die junge Pflanze als Gemüse.
Anchusa italica Retz. (Buglossum italicum Tausch., Anchusa officinalis Gouan non Linné), ♃. Mittelmeergebiet, Mitteleuropa, Madeira.
Off.: 1. Die Blüten: Fl. d. buglossa, Span.
2. Die Blätter und Blüten: Buglossa, Portug.
Anwendung: Gegenwärtig höchstens als Volksmittel, aber auch als solches wohl nur lokal beschränkt, früher als Mucilaginosum etc. (Bestandteil der alten Flores quatuor cordiales).
Lithospermum fruticosum L., Strauch in Südeuropa.
Off.: Die blühenden Zweigspitzen: Sargacinha, Portug. Obsolet.

Solanaceae.

Lycium europaeum L. (L. spinosum Han.), Bocksdorn, Strauch. Einheimisch im Mediterrangebiet und auf den Kanarischen Inseln.
Off.: Die Blätter: Cambroeira, Portug.
Die Blätter des nahe verwandten L. barbarum L. enthalten Lycin (Oxyneurin, Betainhydrat). Die Droge ist wohl gänzlich obsolet. In alter Zeit als Diuretikum. Die jungen Blätter sollen als Salat oder Gemüse genossen werden.
Atropa Belladonna L., ♃, Tollkirsche. Ganz Europa, Kleinasien bis zum Kaukasus und Persien. In England und Deutschland als Medizinalpflanze kultiviert.
Off.: 1. Die Blätter †: Fol. Belladonnae, Amer., Belg., Dänem., Deutschl., Engl., Finnl., Griech., Jap., Niederl., Norweg., Österr., Rußl., Schwd., Schwz., Ung., Belladonna, Ital., Kroat., Serb., Beladona, Rumän., H. d. belladonna, Span., Belladonna (planta), Portug.
Wirksame Bestandteile: Hauptsächlich die Alkaloide Hyoscyamin (isomer dem Atropin und in dieses leicht übergehend) und Atropin, dieses in meist geringfügiger Menge. Atropinum sulfuric. in allen Staaten offizinell. Anwendung: Antispasmodikum (bei Asthma zu Inhalation d. Rauches, bei Koliken), als Mydriatikum etc. Vorwiegend verwendet in Form der Präparate oder die Atropinverbindungen. Ebenso:
2. Die Wurzel †: Rad. Belladonnae, Amer., Engl., Griech., Österr., Schwz., Belladonna (r.), Ital., Portug., Beladona, Rumän., R. d. belladonna Span.
Enthält dieselben wirksamen Bestandteile wie die Blätter.
3. Der Blättersaft †: Succus Belladonnae, Engl.
Scopolia carniolica Jacq. (Scopolia atropoides Lnk., Scopolina atropoides Schult.), ♃. Tollwurz. Ostalpen, Karpathen.
Off.: Der Wurzelstock † (Rhiz. oder Rad. Scopoliae): Scopola, Amer.
Enthält hauptsächlich die Alkaloide Hyoscyamin und (in geringer Menge) Atropin sowie Scopolamin (Hyoscin).
Anwendung wie Hyoscyamus und zur Darstellung des Scopolamins. Dieses in neuerer Zeit als zerebrales Beruhigungsmittel (z. B. zu der Scopolamin-Morphinnarkose) verwendet und in mehreren Staaten offizinell

Scopolia japonica Maxim., „Roto", ♃.. Japan.

Off.: Das Rhizom †: Rad. Scopoliae, Jap.

Enthält als wirksame Bestandteile Hyoscyamin und in geringerer Menge Atropin und Scopolamin (s. o.!). Anwendung wie Scopol. carniol.

Hyoscyamus niger L. ☉ oder ⊙, Bilsenkraut. Europa mit Ausnahme des Nordens bis Ostindien und Nordafrika. In England und Deutschland als Medizinalpflanze kultiviert.

Off.: 1. Die Blätter †: Fol. Hyoscyami, Belg., Dänem., Deutschl., Engl. (hier auch die blühenden Zweigspitzen), Finnl., Jap., Niederl., Norweg., Österr., Rußl., Schwd., Schwz., Ung., Hyoscyamus, Amer. (hier auch die blühenden Zweigspitzen), Kroat., Serb., H. d. beleño, Span., Meimendro (tota plata), Portug., Juisquiame noire, Frankr., Giusquiamo, Ital., Hiosciam (f.), Rumän.

2. Der Blättersaft †: Succus Hyoscyami, Engl.

Wirksame Bestandteile: Hyoscyamin und Hyoscin (Scopolamin). Anwendung hauptsächlich als Antispasmodikum (bei Koliken, Inhalation des Rauches bei Asthma etc.). Ebenso:

3. Die Samen †: Sem. Hyoscyami, Dänem., Norweg., Jusquiame noire (sem.), Frankr., Sem. d. beleño, Span., Hiosciam (sem.), Rumän.

Physalis Alkekengi L., ♃., Judenkirsche. Europa, Asien, eingeschleppt in Nordamerika.

Off.: Die Früchte: Alkékenge, Frankr.

Enthalten Zitronensäure und ein bitteres Glykosid (Physalin). Obsolet. Früher als Diuretikum bei Gicht etc. Vielleicht noch als Volksmittel im Gebrauche.

Capsicum annuum L. und **Capsicum longum** DC., Paprika, spanischer Pfeffer, ☉. Einheimisch in Südamerika und Westindien, in zahlreichen Formen in allen wärmeren und heißen Gebieten kultiviert.

Off.: Die Früchte: Fruct. Capsici, Belg., Dänem., Deutschl., Griech., Jap., Niederl., Österr., Rußl., Schwd., Schwz., Ung., Capsicum, Amer., Kroat., Pimentão, Portug.

Enthalten das scharfe Capsaicin und werden zu hautreizenden Präparaten (speziell bei Rheumatismus usw.) benützt. Auch als Volksmittel. Wichtiges Gewürz.

Capsicum frutescens L. (Caps. minimum Roxb., Caps. fastigiatum Blum.), ♃.. In den Tropen, besonders in Indien, kultiviert. Cajennepfeffer.

Off.: Die Früchte: Fruct. Capsici, Engl.

Chemie und Anwendung wie Capsic. annuum und longum.

Solanum tuberosum L., Kartoffel, ♃.. Einheimisch in Südamerika (wahrscheinlich Anden von Peru und Chile). Kulturpflanze.

Off.: Die Stärke der Rhizomknollen (Kartoffelstärke): Amyl. Solani, Niederl., Amylum, Belg., Jap. (Potato), Fécule de pomme de terre, Frankr., Batata, Portug.

Medizinisch hauptsächlich als Streupulver, sowie als Konstituens und Bindemittel für mancherlei Präparate.

Solanum Dulcamara L., Bittersüß. Kleiner Strauch. Durch ganz Europa bis nach China und Japan.

Off.: Die Stengel: Stip. Dulcamarae, Griech., Caul. Dulcamarae, Österr., Tallo d. dulcamara, Span., Douce amère, Frankr., Doce amargo, Portug.

Enthalten das Glykoalkaloid Solanin und ein Saponin (Dulcamarin), und sind nur mehr als (sehr beliebtes) Volksmittel im Gebrauch. Gelten als diuretisch („blutreinigend"), Expektorans etc.

Solanum nigrum L. Nachtschatten, ⊙. Europa, Asien, Nordamerika.
Off.: Die Blätter: H. d. solano negro, Span., Morelle noire, Frankr., Solano (planta tota), Portug.

Im Kraut Spuren eines Alkaloids vorhanden (in den Beeren Solanin). Obsolet. Höchstens als Volksmittel von lokaler, sehr beschränkter Bedeutung. Früher als Demulcens, hauptsächlich äußerlich.

Datura Stramonium L., Stechapfel ⊙. Durch ganz Europa, Asien, Afrika und Nordamerika verbreitet. Kultiviert in Deutschland.

Off.: 1. Die Blätter †: Fol. Stramonii, Belg., Dänem., Deutschl., Engl., Griech., Niederl., Norweg., Österr., Rußl., Schwd., Schwz., Stramonium, Amer., Stramonio, Ital., Stramoniu, Rumän., H. d. estramonio, Span., Stramoine, Frankr., Estraminio (Planta), Portug.

Wirksame Bestandteile: Die Alkaloide Hyoscyamin und in bedeutend kleinerer Menge Atropin und Scopolamin (Hyoscin). Verwendung hauptsächlich zu Asthmazigaretten und Räucherdrogen bei Asthma.

2. Die Samen †: Sem. Stramonii, Engl., Schwz., Estraminio (sem.), Portug.

Enthalten Hyoscyamin und wenig Atropin sowie Scopolamin. Anwendung wie oben.

Datura fastuosa L. (D. alba Nees), ⊙. Ostindien. Malaiischer Archipel, tropisches Afrika. Als Zierpflanze in Europa kultiviert.

Off.: Die Blätter †: Fol. Stramonii, Jap., Niederl. (nur für Indien zum äußerlichen Gebrauch an Stelle von Dat. Stram. zulässig).

Enthalten Hyoscyamin und Scopolamin. Anwendung wie Datura Stramonium.

Nicotiana Tabacum L., Virginischer Tabak. Einheimisch in Südamerika und **N. rustica** L., Bauerntabak. Einheimisch in Südamerika und Mexiko. Beide ⊙ und in vielen Kulturformen verbreitet kultiviert.

Off.: Die ungebeizten Blätter †: Fol. Nicotianae, Griech., H. d. tabaco, Span., Nicotiana, Portug., Nicociana, Rumän.

Enthalten das Alkaloid Nikotin. Obsolet. Früher als Drastikum. Äußerlich manchmal als Volksmittel (hautreizend, ferner bei Brüchen etc.). Als Tabak wichtiges Genußmittel.

Duboisia myoporoides R. Br., Strauch. Australien.
Off.: Die Blätter †: H. d. Duboisia, Span.

Enthalten Scopolamin (Hyoscin) neben Hyoscyamin. Anwendung beschränkt und wie Belladonna, bzw. deren Alkaloide.

Scrophulariaceae.

Verbascum phlomoides L., ⊙, Mittel- und Südeuropa, und **Verbascum thapsiforme** Schrad., ⊙. Mitteleuropa, auch als Medizinalpflanze kultiviert. Königskerze, Wollkraut, Himmelbrand.

Off.: Die Blüten ohne Kelch (Himmelbrandtee): Fl. Verbasci, Dänem., Deutschl., Griech., Finnl., Jap., Österr., Rußl., Verbascum, Kroat., Verbasc, Rumän., Bouillon blanc, Frankr.

Enthalten Zucker, Hesperidin etc., und sind ein sehr beliebtes Volksmittel bei Katarrh, äußerlich zu erweichenden Umschlägen.

Verbascum Thapsus L. Europa, Zentralasien, ⊙.

Off.: Die Blüten ohne Kelch: Fl. Verbasci, Belg., Dänem. (hier neben den oben angeführten), Verbasco, Portug. (neben dem folgenden).

Verbascum crassifolium Hofmsg. et Lnk., ⊙. Portugal.

Off.: Die Blüten (neben jenen von V. Thapsus): Verbasco, Portug.

Gratiola linifolia Vahl (Gratiola officinalis Brotero non Linné), ♃, Gnadenkraut. Pyrenäische Halbinsel.

Off.: Das blühende Kraut: Graciosa (Gratiola), Portug.

Chemisch wahrscheinlich der Gratiola officinalis L. (diese fehlt in Portugal) nahestehend. In dieser Gratiolin (Glykosid). Gratiola officinalis war früher ein beliebtes Drastikum („Purgierkraut"), ist aber jetzt obsolet, nur als Volksmittel in Verwendung.

Veronica officinalis L., Ehrenpreis, Männertreu, ♃. Europa, Nordwestasien, Nordamerika, in Deutschland kultiviert.

Off.: Das Kraut: Herb. Veronicae, Dänem., Veronique officinale, Frankr., Veronica, Portug.

Enthält ein Glykosid unbekannter Zusammensetzung. Als Volksmittel bei Lungenleiden, Rheumatismus und Gicht ziemlich verbreitet. Medizinisch obsolet.

Veronica Beccabunga L., ♃, Bachbunge. Europa, Asien, Nordafrika.

Off.: Das Kraut: Beccabunga (Anagallis aquatica), Portug.

Längst obsolet. Früher frisch — als schwaches Purgans, bei Skorbut etc.; vielleicht noch als Volksmittel.

Veronica virginica L. (Leptandra virginica Nutt.), ♃. Nordamerika, Sibirien.

Off.: Der Wurzelstock und die Wurzeln (Culvers root): Leptandra, Amer.

Enthalten Leptandrin (Glykosid?) und werden in Amerika als Purgans, Cholagogum etc. verwendet.

Digitalis purpurea L., ⊙, Roter Fingerhut. Westeuropa, besonders Schwarzwald, Thüringen, Harz, als Zierpflanze und Medizinalpflanze häufig kultiviert.

Off.: Die Blätter †: Fol. Digitalis, Belg., Dänem., Deutschl., Engl., Finnl., Griech., Jap., Niederl., Norweg., Österr., Rußl., Schwd., Schwz.,

Ung., Digitalis, Amer., Kroat., Serb., Digitala, Rumän., Digitale, Ital., H. d. digital, Span., Digitale, Frankr., Dedaleira, Portug.

Bestandteile die Glykoside Digitoxin (Hauptbestandteil!), Digitalin, Digitaleïn (= teilweise Digitoxin), Digitophyllin, Gitalin und Digitonin (Saponin). Anwendung: Das wichtigste Kardiakum; gewöhnlich direkt als Droge — z. B. als Infusum — verwendet, in neuerer Zeit auch in Form von Präparaten (Digitoxin, Digalen usw.).

Pedaliaceae.

Sesamum indicum L. (S. orientale L.), ⊙. Heimat unbekannt. In vielen Formen seit Alters kultiviert in den Tropen, in China, Japan und dem Mittelmeergebiet.

Off.: Das Öl der Samen (Sesamöl): Ol. Sesami, Deutschl., Jap., Kroat., Niederl., Österr., Rußl., Schwz., Serb., Ung.

Hauptbestandteil Oleïn, daneben Linoleïn, Palmitin, Stearin, Myristin etc. Medizinisch wie Olivenöl angewendet. Auch als Speiseöl wichtig.

Acanthaceae.

Rhinacanthus nasutus (L.) Lindau (Rh. communis Nees, Justitia nasuta L.), ♃.. Tropisches Asien, Ostafrika, Madagaskar, in tropischen Gärten überall kultiviert.

Off.: Die Wurzel (Trebawurzel, Ostindische Flechtenwurzel): Rad. Rinacanthi, Niederl.

Enthält einen Bitterstoff Rhinacanthin (angeblich ein Chinon, nahe verwandt der Chrysophansäure). Wurde gegen Hautkrankheiten empfohlen, hat sich aber wenig eingebürgert (Ring worm-Tinktur).

Verbenaceae.

Verbena officinalis L., ♃., Eisenkraut. Nördliches und mittleres Asien und Europa, durch Verschleppung in allen Weltteilen.

Off.: Das blühende Kraut: Verbena, Portug.

Enthält das Glykosid Verbenalin. Im Altertum gegen alle möglichen Krankheiten sehr angesehen gewesen, gegenwärtig seit langem gänzlich obsolet.

Lippia citriodora (Lam.) Kth. (Aloysia citriodora Ortega, Verbena triphylla L'Hér.), Strauch. Einheimisch in Chile, Argentinien, Uruguay, als Zierstrauch überall kultiviert.

Off.: Die Blätter: H. d. hierba Luisa (Fol. Aloysiae), Span.

Enthalten ätherisches Öl (Verbenaöl), darin Citral, 1-Limonen, Geraniol etc. Verwendung höchst beschränkt, als Digestivum und Antispasmodikum. Bei uns kaum bekannt.

Labiatae.

Teucrium Chamaedrys L., Gamander, Halbstrauch. Europa bis zum Kaspischen Meer.

Off.: Das blühende Kraut: Germandrée petit-chêne, Frankr., Camedrios, Portug.

Enthalten ätherisches Öl. Höchstens noch als Volksmittel verwendet. In der alten Medizin als Herb. Chamaedryos vel Trixaginis gegen Gicht, Wechselfieber etc.

Teucrium Scordium L., ♃. Lachenknoblauch. Verbreitet durch Europa bis Zentralasien. Kultiviert in Deutschland.

Off.: Das blühende Kraut: Scordium, Frankr., Escordio (sumidad), Span., Scordiu, Rumän.

Enthält angeblich einen Bitterstoff (Scordeïn) und ein ätherisches Öl. Recht beliebtes Volksmittel (Anthelminthikum, ferner innerlich bei Ulcerationen, Neoplasmen etc.). Medizinisch obsolet, aber eine Zeitlang das Extrakt äußerlich auf Geschwüre empfohlen gewesen.

Rosmarinus officinalis L., Rosmarin, Strauch. Einheimisch im Mittelmeergebiet, dort häufig kultiviert.

Off.: 1. Die Blätter: Fol. Rosmarini, Finnl., Griech., Österr., Rußl., Schwz., Ung., Fol. Roris marini, Belg., Rosmarinus, Kroat., Serb., Rosmarino, Ital., Romarin (herb.), Frankr., H. d. romero, Span.

2. Die Blüten: Fl. Rosmarini, Griech., Alecrim (Cacumina Rosmarini florentia), Portug.

3. Das ätherische Öl aus den blühenden Zweigen (Rosmarinöl): Ol. Rosmarini, Amer., Deutschl., Engl., Jap., Kroat., Niederl., Österr., Rußl., Schwz., Serb., Ol. d. rosmarin, Rumän., Aetherol. Rosmarini, Dänem., Norweg., Schwd., Ess. Roris marini, Belg., Ess. d. rosmarino, Ital., Ess. d. romarin, Frankr., Ess. d. romero, Span., Ess. d. alecrim, Portug.

Hauptbestandteile des Öls: l- und d-Pinen, Cineol, Kamphen, l- und d-Borneol, Bornylazetat etc. Die Blätter höchstens als Volksmittel. Das Öl zu hautreizenden Einreibungen, bei Filzläusen und Krätze. Gilt beim Volke auch als haarwuchsbefördernd. Sonst zur Herstellung von kosmetischen Präparaten (Aqua reginae hungaricae).

Scutellaria lateriflora L., Skullcap, ♃. Vereinigte Staaten von Amerika und Kanada.

Off.: Das Kraut: Scutellaria, Amer.

Enthält das bittere Glykosid Scutellarin und etwas ätherisches Öl. Wurde in Amerika als Antispasmodikum, z. B. gegen Lyssa, empfohlen.

Lavandula Spica L. (Lavandula vera DC., Lav. officinalis Chaix). Lavendel, mit mehreren Varietäten, Halbstrauch. Einheimisch im westlichen Mediterrangebiet, dort, sowie in England, stellenweise auch in Österreich und Deutschland kultiviert.

Off.: 1. Die Blüten: Fl. Lavandulae, Belg., Dänem., Deutschl., Griech., Jap., Norweg., Österr., Rußl., Schwz., Lavandula, Rumän.

2. Die blühenden Zweigspitzen: Lavanda, Ital., Espliego, Span., Lavande vraie, Frankr., Alfazema, Portug.

3. Das ätherische Öl (Lavendelöl): Ol. Lavandulae, Deutschl., Engl., Jap., Kroat., Niederl., Österr., Rußl., Schwz,. Serb., Ung., Ol. d. lavandula, Rumän., Ol. Lavandulae florum, Amer., Aetherol. Lavandulae, Dänem., Norweg., Schwd., Ess. Lavandulae, Belg., Ess. d. lavande, Frankr., Ess. d. lavanda, Ital., Ess. d. espliego, Span., Ess. d. alfazema, Portug.

Hauptbestandteile des Lavendelöls: l-Linalylazetat, ferner Linalool und Ester desselben usw. Anwendung: Die Blüten als wohlriechender Zusatz zu manchen volkstümlichen Teegemengen, beliebt zur Mottenbekämpfung. Das Lavendelöl hauptsächlich zu kosmetischen Präparaten. In der Parfumerie von großer Bedeutung.

Lavandula Stoechas L., Strauch. Einheimisch im Mittelmeergebiet.

Off.: Die blühenden Zweigspitzen: Cantuesco, Span.

Sie enthalten ätherisches Öl und darin Cineol. Obsolet. Im Süden vielleicht noch als Volksmittel auf Wunden und Hautausschläge.

Marrubium vulgare L., Andorn, ♃. Kanarische Inseln, Europa bis Zentralasien, auch kultiviert.

Off.: Das Kraut: Herb. Marrubii, Griech., Marrubium, Amer., Marrojo, Portug.

Enthält Marrubiin (ein Lakton, Bitterstoff) und ätherisches Öl. Anwendung hauptsächlich als beliebtes Volksmittel bei Leber- und Gallenleiden, sowie bei Lungenkatarrh etc.

Glecoma (Glechoma) **hederacea** L., Gundelrebe, ♃. Europa und nördliches Asien bis Japan, in Amerika verwildert, kultiviert in Deutschland.

Off.: Das Kraut oder die Blätter (Herb. oder Fol. Hederae terrestris): Lierre terrestre, Frankr., H. d. hiedra terrestre, Span., Herra terrestre, Portug.

Enthält ätherisches Öl. Nur noch als Volksmittel gebräuchlich, z. B. bei katarrhalischen Erkrankungen der Luftwege.

Galeopsis dubia Leers. (G. ochroleuca Lam.), Hanfnessel, ⊙. Westeuropa, auf Kieselboden, östlich bis Venetien, Kärnten, Kroatien, in Deutschland auch kultiviert.

Off.: Das blühende Kraut (Johannistee, Blankenheimertee, Liebersche Kräuter): Herb. Galeopsidis, Österr.

Chemisch wenig bekannt. Beliebtes Volks- und Geheimmittel bei Lungenleiden.

Leonurus lanatus (L.) Spreng. (Ballota lanata L.), ♃. Sibirien.

Off.: Das Kraut: Herba Leonuri lanati, Ung.

Chemisch wenig bekannt. Wurde früher als Diuretikum, speziell bei Hydrops empfohlen. Anwendung gegenwärtig wohl ziemlich beschränkt.

Stachys officinalis (L.) Trev. (Betonica officinalis L.), ♃., Betonie. Europa, Algerien, Kaukasus.

Off.: Das Kraut (Herb. Betonicae): Bétoine, Frankr.

Chemisch unerforscht. In alter Zeit als Nervinum und bei Rheuma, Gicht etc. Jetzt höchstens als Volksmittel.

Salvia officinalis L., Salbei, kleiner Strauch. Einheimisch im Mittelmeergebiet, in Deutschland und Österreich kultiviert.

Off.: Die Blätter: Fol. Salviae, Dänem., Griech., Jap., Niederl., Norweg., Österr., Rußl., Schwd., Schwz., Ung., Salvia, Amer., Ital., Kroat., Serb., Span. (Summitates Salviae), Rumän. (Herba Salviae), Salva, Portug., Sauge, Frankr.

Hauptbestandteile: Gerbstoff und ätherisches Öl, darin Pinen, Cineol, Thujon, Borneol. Beliebt zu adstringierenden Mund- und Gurgelwässern, Zahnpulvern, in der Volksmedizin auch als sekretionsbeschränkendes Mittel (gegen Schweiße der Phthysiker, übermäßige Milchsekretion etc.). Auch als Gewürz wichtig.

Salvia lavandulaefolia Vahl, Strauch. Einheimisch in Spanien.

Off.: Das Kraut (neben S. officinalis): Salvia, Span.

Anwendung wie die vorerwähnte Droge.

Hedeoma pulegioides (L.) Pers. (Cunila pulegioides L.), Flohkraut, Frauenminze, American Pennyroyal, ⊙. Östliche und zentrale Vereinigte Staaten von Amerika und Kanada.

Off.: 1. Das Kraut: Hedeoma, Amer.

2. Das ätherische Öl: Ol. Hedeomae, Amer. Dieses enthält u. a. die Ketone Pulegon, Hedeomol und Menthon etc. Anwendung: In Amerika bei Menstruationsbeschwerden, Katarrh, Rheuma. Das Öl auch insektizid.

Melissa officinalis L., Melisse, ♃.. Europa, Nordafrika, Orient, als Medizinalpflanze häufig kultiviert.

Off.: 1. Die Blätter: Fol. Melissae, Belg., Deutschl., Griech., Jap., Österr., Schwz., Ung., Melissa, Kroat., Serb.

2. Das Kraut: Herb. Melissae, Dänem., Norweg., Melissa, Ital. (Fol. et Summit.), Portug., Melisa, Rumän., Span., Melisse officinale, Frankr.

Hauptbestandteil: Ätherisches Öl (s. u.!).

3. Das ätherische Öl: Ol. Melissae, Rumän., Ess. Melissae, Belg., Hauptbestandteile: Citral und Citronellal.

Melissenpräparate sind als „nervenstärkende" Hausmittel (z. B. bei Ohnmacht) als Karminativa und Antispasmodika etc. recht beliebt und waren ehemals hochangesehen.

Satureja hortensis L., Saturei, Bohnenkraut, ⊙. Mittelmeergebiet, Kleinasien, häufig als Gewürzpflanze und zur Destillation kultiviert, in Nordamerika, Südafrika, Indien verwildert.

Off.: Das (frische) Kraut (Herba Saturejae): Sariette, Frankr.

Enthält ätherisches Öl, darin Carvacrol und Cymol. Nur mehr als Volksmittel und Küchenpflanze verwendet.

Satureja Calamintha (L.) Scheele (Calamintha officinalis Moench), ♃.. In zahlreichen Varietäten im südlichen Europa einheimisch.

Off.: Das blühende Kraut (Herb. Calaminthae): Calament, Frankr.

Enthält ätherisches Öl, darin Calaminthon und Pulegon (Ketone). In älterer Zeit wie Krauseminze und Melisse verwendet gewesen, jetzt obsolet.

Amaracus Dictamnus (L.) Benth. (Origanum Dictamnus L.), Kretischer Diptam, Halbstrauch. Mittelmeergebiet, als Zierpflanze kultiviert.

Off.: Das Kraut (Herb. Dictamni cretici): Dictame de Crête, Frankr., H. d. dictamo cretico, Span.

Hauptbestandteil ein ätherisches Öl, darin Pulegon. Galt früher als Emmenagogum, gegenwärtig obsolet. In Griechenland angeblich Volksmittel gegen Giftbisse.

Hyssopus officinalis L., Ysop, ♃.. Mittelmeergebiet und mittleres Asien, häufig (Frankreich, Deutschland etc.) kultiviert als Zier- und Drogenpflanze.

Off.: Das blühende Kraut: Herba Hyssopi, Griech., Schwd., Hisopo, Span., Hisop, Rumän., Hissopo, Portug.

Hauptbestandteil ein ätherisches Öl von schwankender Zusammensetzung (darin Pinen, l-Pinocamphen, Cineol, Thujon etc.). In älterer Zeit angesehenes Heilmittel, gegenwärtig gänzlich obsolet, nur als Volksmittel (Stomachikum etc.) angewendet. Wichtiger für die Konservenfabrikation.

Majorana hortensis Moench (Origanum Majorana L.), Majoran, ♃.. Mediterranes Afrika und mittleres Asien, häufig (in Mitteleuropa, als einjährige Pflanze) kultiviert.

Off.: Das Kraut: Herb. Majoranae, Griech., Niederl., Österr., Schwz., Mejorana, Span., Maggiorana, Ital., Marjolaine, Frankr., Magheran, Rumän.

Das ätherische Öl enthält Terpinenol, d- und α-Terpineol, Terpinen etc. und angeblich auch Borneol und Kampfer. Anwendung in der älteren Medizin zu Nießpulvern und zu Einreibungen bei Kolik und Schnupfen (Majoransalbe). In diesem Sinne noch als Volksmittel. Wichtiges Gewürz (z. B. für die Wurst- und Fleischkonservenfabrikation).

Origanum vulgare L., Dosten, Berg- oder Wintermajoran, ♃.. In zahlreichen Varietäten von Europa bis zum Himalaja, auch als Gewürzpflanze kultiviert.

Off.: Das blühende Kraut: Herb. Origani, Dänem., Griech., Norweg., Österr., Rußl., Origan, Frankr., Oregano, Span.

Hauptbestandteil ein ätherisches Öl (Dostenöl), darin angeblich Carvacrol.

Nur als Volksmittel, wie Majoran verwendet, auch als Küchengewürz an Stelle desselben.

Origanum virens Hoffmgg. et Lnk. (Origan. vulgare var virens Brotero non Bentham), ♃.. Pyrenäische Halbinsel, Azoren, Madeira, Kanaren.

Off.: Die blühenden Zweigspitzen: Oregão, Portug.

Thymus Serpyllum L., Quendel, Bergthymian, ♃.. Europa, Asien, Nordafrika, Nordamerika.

Unter diesem Sammelnamen vereinigen sich sehr viele, zum Teil stark verschiedene Arten, welche aber von den Pharmakopöen im einzelnen nicht berücksichtigt werden (nur Portug. nennt die hieher gehörigen Arten **Thymus variabilis** Hoffmgg. et Lnk. und **Thymus glabratus** Hoffmgg. et Lnk.).

Off.: 1. Das blühende Kraut: Herb. Serpylli, Deutschl., Griech., Österr., Rußl., Schwz., Serpolet, Frankr., Tim, Rumän.

Hauptbestandteil ein ätherisches Öl (s. u.!).

2. Das ätherische Öl (Quendelöl): Ess. Serpylli, Belg., Ol. d. tim, Rumän.

Enthält vorwiegend Cymol (= Cymen), in sehr geringer Menge Thymol, Carvacrol etc. Anwendung nur als Volksmittel.

Thymus vulgaris L., Thymian, Kuttelkraut, kleiner Strauch. Europäisches Mittelmeergebiet; häufig als Küchenpflanze sowie zur Gewinnung von Droge und ätherischem Öl kultiviert.

Off.: 1. Das blühende Kraut: Herb. Thymi, Belg., Deutschl., Finnl., Griech., Rußl., Schwz., Thym, Frankr., Timo, Ital., Tomillo, Span., Tomilho, Portug. (Hier neben Thymus silvestris).

Enthält ätherisches Öl (Thymianöl s. u.!) von — je nach der Provenienz — wechselnder Zusammensetzung. Hauptbestandteil Thymol, an Stelle dessen auch teilweise Carvacrol, ferner p-Cymol, l-Pinen (= Thymen), Menthen, Borneol etc. (Das Thymol des Handels, welches allgemein officinell ist, wird aber nicht aus Thymianöl, sondern gewöhnlich aus den Früchten von Ptychotis Ajowan Benth. et Hook. — Umbelliferae — Ostindien — und dem Kraut von Monarda punctata L. — Labiate, Nordamerika — gewonnen.)

2. Das ätherische Öl (Thymianöl): Ol. Thymi, Amer., Deutschl., Jap., Schwz., Serb., Rußl., Aetherol. Thymi, Norweg., Ess. d. thym, Frankr., Ess. d. tomillo, Span.

Das Kraut als krampfstillendes und lösendes Volksmittel, in neuerer Zeit auch medizinisch als Extrakt (im Pertussin z. B.) bei Krampfhusten verwendet. Küchengewürz. Das Öl und besonders das Thymol stark antiseptisch. Zu Mund- und Gurgelwässern, Salben etc.

Thymus silvestris Hoffmgg. et Lnk. (Thym. Zygis Brotero, non Linné). Strauch. Pyrenäische Halbinsel.

Off.: Das blühende Kraut: Tomilho, Portug. (neben Thymus vulgaris).

Mentha Pulegium L. susp. **gibraltaricum** (Willd.) Briq. (M. Pulegium L., var villosa Benth.), ⚥.. Poleiminze. Südspanien, Nordafrika. Auch kultiviert in Deutschland, England usw.

Off.: Das blühende Kraut: (Herb. Pulegii*): Pulejo (Pulegium), Portug.

Enthält ätherisches Öl (Poleiöl, Pennyroyalöl), darin vorwiegend

---

*) Die Herba Pulegii und das Oleum Pulegii (Poleiöl etc.) des Handels stammen von mehreren Varietäten der Mentha Pulegium.

Pulegon, daneben Menthon, Menthol etc. In manchen Ländern (z. B. England) beliebtes Volksmittel.

Mentha canadensis L. var. **piperascens** Briqu. (M. arvensis L. var. piperascens Holm.), ♃.. Japanische Pfefferminze. In Japan kultiviert.

Off.: 1. Die Blätter: Fol. Menthae, Jap.

2\. Das ätherische Öl (Japanisches Pfefferminzöl): Ol. Menthae, Jap.

Dieses enthält hauptsächlich den sekundären Alkohol Menthol (in allen Staaten offizinell), welcher daraus im großen in Japan gewonnen wird.

Menthol ist ein starkes Antiseptikum. Daraus hergestellte Stifte werden ferner als Migränestifte (Poho) zum äußerlichen Gebrauch als schmerzlinderndes Mittel in den Handel gebracht. Über den medizinischen Gebrauch der Blätter und des Öls vergl. Mentha piperita.

Mentha crispa L., Krauseminze (Sammelname für krausblätterige, in Europa, Deutschland und Nordamerika häufig kultivierte Formen verschiedener Mentha-Arten, besonders Mentha aquatica L. var. crispa Benth., Mentha viridis L. var. crispa Benth., Mentha longifolia Huds. var. crispa Benth. und Mentha arvensis L. var. crispa Benth.).

Off.: Das ätherische Öl der Blätter (Krauseminzenöl): Ol. Menthae crispae, Rußl.

Das russische Krauseminzenöl enthält hauptsächlich l-Linalool, in geringerer Menge Cineol, l-Limonen, l-Carvon. Im deutschen und amerikanischen Öl wiegt l-Carvon vor. Anwendung wie Pfefferminzöl, doch nicht so ausgedehnt.

Mentha viridis L., Gartenminze, Spearmint, ♃.. In Europa und Amerika kultiviert.

Off.: 1. Das Kraut: Mentha viridis, Amer., Hortelã, Portug. (hier neben M. rotundifolia L. var. glabra Brot.).

2\. Das ätherische Öl (Oil of spearmint): Ol. Menthae viridis, Amer., Engl., Ess. d. hortelã, Portug. (neben dem Öl von Mentha rotundifol. L. var. glabra Brot.).

Mentha rotundifolia L. var. **glabra** Brot., ♃.. Westliches Mittelmeergebiet.

Off.: 1. Das blühende Kraut: Hortelã, Portug. (neben M. viridis).

2\. Das ätherische Öl: Ess. d. hortelã, Portug. (neben dem Öl von Mentha viridis).

Mentha piperita L. (Mentha aquatica $\times$ viridis). Pfefferminze, ♃.. In Deutschland, England, Frankreich und Nordamerika im großen kultiviert.

Off.: 1. Die Blätter: Fol. Menthae piperitae, Belg., Deutschl., Griech., Niederl., Österr., Rußl., Schwz., Ung., Mentha, Kroat., Serb.

2\. Das blühende Kraut: Herb. Menthae piperitae, Dänem., Finnl., Norweg., Schwd., Mentha piperita, Ital., Span., Mentha, Amer., Menta, Rumän., Menthe poivrée, Frankr., Hortelã pimenta, Portug.

3\. Das ätherische Öl (Pfefferminzöl): Ol. Menthae piperitae, Amer., Deutschl., Engl., Finnl., Kroat., Niederl., Österr., Rußl., Serb.,

Ung., Ol. Menthae, Schwz., Ol. d. menta, Rumän., Aetherol. Menthae pip., Dänem., Schwd., Ess. Menthae, Belg., Ess. d. menta piperita, Span., Ess. d. menta, Ital., Ess. d. menthe poivrée, Frankr., Ess. d. hortelã pimenta, Portug.

Hauptbestandteil des ätherischen Öls das Menthol und dessen Keton, das Menthon. Zusammensetzung und Güte des Öls übrigens schwankend nach der Provenienz (englisches, französisches, deutsches und amerikanisches Pfefferminzöl. Das japanische stammt von Mentha canadensis, var. piperascens s. o.!).

Pfefferminzpräparate sind wegen der antiseptischen und kühlenden, örtlich schmerzlindernden Eigenschaften sehr beliebt zu Mundwässern und Zahnpulvern, Inhalationen, Magentropfen, Einreibungen etc. In der Likörfabrikation viel verwendet.

Peltodon radicans Pohl, ♃,. Brasilien.

Off.: Das blühende Kraut: Paracary (Clinopodium brasiliense) Portug.

Enthält ein ätherisches Öl. In Brasilien Volksmittel bei katarrhalischen Affektionen, Kolik, Asthma und als Diuretikum etc.

Orthosiphon stamineus Benth., ♃,. Indien, Java, Australien.

Off.: Die Blätter (Java-Tee): Fol. Orthosiphonis, Niederl.

Enthalten ein Glykosid Orthosiphonin und Kaliumsalze. Dienen als Diuretikum bei Gicht usw.. In Europa wenig gebräuchlich.

Plantaginaceae.

Plantago major L., Wegerich, ♃.. In Europa einheimisch. Fast über die ganze Erde verschleppt.

Off.: Die Blätter (Fol. Plantaginis majoris): H. d. llanten, Span., Tanchagem, Portug.

Die Blätter enthalten Aucubin (Glykosid) und Enzyme. Nur als Volksmittel gebräuchlich, besonders bei Katarrhen, Hämoptoë etc.

Plantago Psyllium L. ⊙, Flohsamenkraut. Mittelmeergebiet.

Off.: Die Samen (Flohsamen, Sem. Psyllii): Sem. d. zaragotona, Span.

Enthalten Schleim (Xylin), Aucubin und Enzyme. Anwendung: Ehemals als Mucilaginosum. Obsolet.

Plantago macrorrhiza Poir. (Pl. coronopifolia Brotero non Murray, Pl. ceratophylla Hoffmgg. et Lnk.). Mittelmeergebiet, ♃..

Off.: Die blühende Pflanze: Guiabelha (Coronopus), Portug.

Nicht mehr gebräuchlich. Früher auch als diuretisches Gemüse angebaut gewesen.

Reihe. Contortae.

Loganiaceae.

Gelsemium sempervirens Ait. (Gels. nitidum Michx.), Yellow jasmin, Schlingstrauch. In Nordamerika, von Virginien bis Texas und Florida.

Off.: Der Wurzelstock, die Wurzeln und Ausläufer †: Rhiz. Gelsemii, Schwz., Rad. Gelsemii, Engl., Jap., Gelsemium, Amer.

Hauptbestandteile: Die Alkaloide Gelsemin, Gelsemoidin und Gelseminin (die früher als Gelseminin bezeichnete Substanz ist ein Gemenge dieser Alkaloide), ferner Scopoletin. Präparate der Droge werden in Nordamerika als Antipyretika, ferner bei Neuralgien, verschiedenen Krampfzuständen usw. verwendet und als Antineuralgika (gegen Tic z. B.) auch in Europa empfohlen.

Spigelia marilandica L., ♃. Südliche Vereinigte Staaten von Amerika, von New-Jersey bis Wisconsin und Texas.

Off.: Der Wurzelstock und die Wurzeln (Pinkroot): Spigelia, Amer., Espigelia, Portug.

Enthält nach einer alten Analyse ein Alkaloid Spigelin, Harz etc. und wird in Nordamerika als Anthelmintikum verwendet.

Strychnos nux vomica L., Baum in Indien.

Off.: Die Samen (Krähenaugen, Brechnüsse) †: Sem. Strychni, Belg., Deutschl., Griech., Jap., Niederl., Österr., Rußl., Schwz., Nux vomica, Amer., Engl., Sem. nucis vomicae, Dänem., Finnl., Norweg., Schwd., Ung., Strychnos, Kroat., Serb., Noce vomica, Ital., Nuca vomica, Rumän., Nuez vomica, Span., Noz vomica, Portug., Noix vomique, Frank.

Wirksame Bestandteile: Die sehr giftigen und bitteren Alkaloide Strychnin und Brucin. Präparate aus der Droge dienen hauptsächlich als Amara bei Dyspepsien etc., das Strychnin — ein sogenanntes Krampfgift (Strychninum nitricum allgemein offizinell) — wurde früher bei Lähmungen verwendet, wird aber gegenwärtig ziemlich selten verordnet.

Strychnos Ignatii Berg., Strauch auf den Philippinen (und wahrscheinlich noch eine zweite Art, welche nach neuen Mitteilungen Hills der Strychnos lanata Hill nahesteht).

Off.: Die Samen (Ignatiusbohnen) †: Fab. Sti. Ignatii, Griech., Haba d. San Ignacio, Span., Faba d. Santo Ignacio, Portug., Fève d. St. Ignace, Frankr.

Enthalten Strychnin und Brucin (Igasurin). Anwendung wie Semen Strychni, recht beschränkt.

Gentianaceae.

Centaurium minus Garsault (Erythraea Centaurium Pers., Gentiana Centaurium L.), mit mehreren Varietäten, ⊙. Tausendguldenkraut. Ganz Europa, Orient bis zum Kaukasus, Persien, Nordafrika (Algier), Nordamerika.

Off.: Das blühende Kraut: Herb. Centaurii, Deutschl., Griech., Niederl., Schwz., Ung., Herb. Centaurii minoris, Belg., Österr., Rußl., Centaurium, Kroat., Serb., Centaura menor, Span., Centaura mica, Rumän., Centaurea minore, Ital., Centaurée petite, Frankr.

Bestandteile: Das geschmacklose Erythrocentaurin und das Erytaurin (beide Glykoside). Die Droge bildet ein sehr beliebtes, populäres Bittermittel bei Dispepsie, Anämie etc., gilt beim Volke auch als Fiebermittel.

Centaurium majus (Hoffmgg. et Lnk.), (Erythraea major Hoffmgg. et Lnk., Gentiana Centaurium Brotero non Linné), ⊙. Südeuropa, Portugal, Italien, Dalmatien.

Off.: Das Kraut: Fel de terra (Centaureum minus), Portug.

Centaurium chilense (Willd.), (Erythraea chilensis Pers., Chironia chilensis Willd.), ⊙. Gebirge von Chile bis Mexiko.

Off.: Das Kraut (Herb. Canchalaguen oder Cachenlaguen): Canchalagua, Span.

Enthält Erythrocentaurin und wird wie Tausendguldenkraut verwendet. Die Droge ist in Europa wenig gebräuchlich.

Gentiana lutea L., Gelber Enzian (einschließlich **Gentiana symphandra** Murb.). Überall auf den Hochgebirgen von Mittel- und Südeuropa, Kleinasien, auch kultiviert, **Gentiana pannonica** Scop., Ostalpen, **Gentiana punctata** L., Alpen, Apenninen, Sudeten, Karpathen, Balkan, **Gentiana purpurea** L., Deutschland, Schweiz., Italien, Schweden, Kamtschatka. Alle Arten ♃.

Off.: Der Wurzelstock und die Wurzeln (Enzianwurzel*): Rad. Gentianae, Belg., Dänem., Deutschl., Engl., Finnl., Griech., Jap., Niederl., Norweg., Österr., Rußl., Schwd., Schwz., Ung., Gentiana, Amer., Kroat., Rumän., Serb., Genziana, Ital., Genciana, Portug., Span., Gentiane, Frankr.

Enthält die Bitterstoffe Gentiopikrin (Glykosid, mit dem Spaltungsprodukt Gentiogenin) und Gentianin, ferner das Trisaccharid Gentianose und dessen Spaltungsprodukt Gentiobiose, Enzyme usw. Präparate der Droge sind besonders als Volksmittel sehr beliebte Bittermittel. Die Wurzeln werden auch zur Branntweinbereitung (Enzianschnaps, Enzeler) benützt.

Gentiana scabra Bge., Sibirien.

Off.: Die Wurzel: Rad. Gentianae scabrae, Jap.

Sweertia Chirata Ham. (Ophelia Chirata Griseb., Agathodes Chirayta D. Don, ⊙. Himalaja.

Off.: Das Kraut: Chirata, Amer., Engl., Chirayta, Portug.

Enthält die Bitterstoffe Chiratin und Opheliasäure (diese neben Chiratogenin Spaltungsprodukt des Chiratins). Dient als Bittermittel wie Tausendguldenkraut.

Menyanthaceae.

Menyanthes trifoliata L., ♃, Fieber- oder Bitterklee. In Sümpfen, besonders in den Gebirgen über ganz Europa, Zentralasien bis Japan, das nördliche Nordamerika und Kalifornien verbreitet.

---

*) Die einzelnen Pharmakopöen nennen als Stammpflanze einige oder alle von den hier aufgezählten Arten. Praktisch ist dies gleichgiltig. Die Droge wird je nach der Provenienz von allen gesammelt.

Off.: Die Blätter: Fol. Trifolii fibrini, Deutschl., Jap., Niederl., Österr., Ung., Trifolium fibrinum, Kroat., Serb., Fol. Menyanthidis (Menyanthis), Dänem., Finnl., Norweg., Schwd., Schwz., Fol. Menyanthae, Rußl., Ményanthe, Frankr., Trifoglio fibrino, Ital., Trifolio fibrino, Portug., Trébol acuatico, Span., Trifoin de apa, Rumän.

Hauptbestandteil ein glykosidischer Bitterstoff Menyanthin. Beliebtes Bittermittel (besonders als Volksmittel).

Apocynaceae.

Aspidosperma Quebracho blanco Schlecht., Baum (Quebracho blanco) in Argentinien.

Off.: Die Rinde: Cort. Quebracho, Griech., Österr., Schwz., Cort. d. quebracho, Span., Quebracho, Serb.

Die Rinde enthält die Alkaloide Quebrachin, Hypoquebrachin, Quebrachamin, Aspidosamin, Aspidospermin und Aspidospermatin, viel Gerbsäure, Quebrachol etc. Ist seit ungefähr 30 Jahren als Antiasthmatikum in ärztlicher Verwendung, gegenwärtig aber von geringer Bedeutung.

(Zu Verwechslungen gibt der in Argentinien als Quebracho colorado bezeichnete Baum Schinopsis Lorentzii [Griseb.] Engl. [Anacardiaceae] Anlaß, dessen Holz als Gerbematerial dient. Das im großen gehandelte Quebrachoextrakt stammt von diesem Holze; ein Teil der medizinischen Literatur bezieht sich infolge dieser Verwechslung auf Quebracho colorado.)

Vinca minor L., Sinngrün, Halbstrauch. Europa, Kaukasus, Kleinasien.

Off.: Die Blätter (Fol. Vincae vel Pervincae): Pervenche officinale, Frankr.

Enthalten einen nicht näher erforschten Bitterstoff Vincin, Carotin, Gerbstoff, und sind wohl lediglich noch als Volksmittel von Bedeutung. Früher dienten sie vorwiegend als Adstringens.

Alyxia stellata (Forst.) Roem. et Schult. (Gynopogon stellatus Forst.), Strauch. Gesellschaftsinseln. (Nach Schumann [Engler-Prantl IV/2, S. 151] beziehen sich die abweichenden Standortsangaben auf andere Alyxiaarten, welche von A. stellata zu trennen sind. Insbesondere seien die indische und malaiische Art von dieser gänzlich verschieden. Demgemäß ist es fraglich, ob die aus Niederländisch-Indien stammende Droge von A. stellata richtig abgeleitet ist.)

Off.: Die Rinde: Cortex Alyxiae, Niederl.

Enthält Cumarin und wird in ihrer Heimat als Aromatikum, sowie gegen Fieber, Dysenterie etc. verwendet. In Europa ist sie gegenwärtig von geringer Bedeutung.

Apocynum cannabinum L., Canadian hemp., Kanadischer Hanf, ♃. Östliche Vereinigte Staaten von Amerika und südliches Kanada.

Off.: Der Wurzelstock †: Apocynum, Amer.

Bestandteile: Apocynin (= Acetovanillon), nach späteren Angaben Cynotoxin (wahrscheinlich identisch mit Apocynamarin aus Apocynum androsaemifolium L.), Glykosid Apocyneïn. Apocynin und Apocyneïn gehören physiologisch zur Digitalisgruppe. Die Droge wird in Amerika als Kardiakum und Diuretikum bei Hydrops verwendet und auch in Europa in diesem Sinne empfohlen.

Strophanthus Kombe Oliv., Schlingstrauch. Einheimisch im südlichen, tropischen Afrika bis zum Zambesi.

Off.: Die Samen †: Sem. Strophanthi, Belg., Dänem., Deutschl., Engl., Niederl., Österr., Rußl. (hier neben Stroph. hispidus), Schwd., Schwz., Ung., Strophanthus, Amer., Serb., Sem. d. estrofanto, Span., Strofanto, Ital.

Strophantus hispidus DC., Westafrika bis Senegambien, Sierra Leone, Oberguinea, Kamerun, Gabun, Kongogebiet, in Togo auch versuchsweise kultiviert.

Off.: Die Samen †: Sem. Strophanthi, Rußl. (hier neben denen von Str. Kombe), Strophanthus, Frankr., Kroat. (hier als vermutliche Stammpflanze angegeben), Sem. Strophanthi, Norweg. (unbestimmte Art, u. a. Str. hispidus genannt).

Strophanthus: Ohne Angabe der Art.

Off.: Die Samen †: Semen Strophanthi, Jap., Serb.

Die offizinellen Strophanthussamen enthalten als wesentlich wirksamen Bestandteil das Glykosid Strophanthin mit dem Spaltungsprodukt Strophanthidin, ferner Kombesäure, die Alkaloide Cholin, Trigonellin etc.

Präparate der Droge werden als bewährte Kardiaka viel verordnet. In Afrika wird aus den Samen ein Pfeilgift (Kombé) bereitet.

_{Mehrere Arten aus den Gattungen Landolphia, Funtumia (früher Kickxia p. p.), Hancornia, Willoughbya sind als Kautschukbäume wichtig. Vergl. den Anhang!)}

Asclepiadaceae.

Hemidesmus indicus (Willd.) R. Br. (Periploca indica Willd.), Kletterstrauch. Vorderindien.

Off.: Die Wurzel (Indian Sarsaparilla): Rad. Hemidesmi, Engl.

Anwendung in Indien und später in England als Tonikum und als Diuretikum — ähnlich der Sarsaparille — bei Urogenitalerkrankungen.

Cynanchum Vincetoxicum (L.) Pers. (Vincetoxicum officinale Moench., Asclepias Vinc. L.), Schwalbenwurz, Hundswürger, ?|.. Europa bis zum Himalaja und Altai.

Off.: Die Wurzel (Rad. Vincetoxici vel Hirundinariae): Asclepiade, Frankr.

Enthält ein Glykosid Vincetoxin, nach früheren Angaben Asclépiadin, Asclepin, Cynanchin etc. Die Droge diente ehemals als Emetikum und Diuretikum, wird aber wohl kaum mehr gebraucht, höchstens noch als Volksmittel.

Marsdenia Condurango Reichb. f. (Gonolobus Condurango Triana). Schlingstrauch in Ekuador und Kolumbien.

Off.: Die Rinde: Cort. Condurango, Belg., Dänem., Deutschl.,

Griech., Jap., Niederl., Norweg., Österr., Rußl., Schwd., Schwz., Ung., Cort. d. condurango, Span., Condurango, Frankr., Kroat., Serb.

Die Droge enthält ein Glykosid Condurangin (nach anderen Angaben mehrere Condurangine), Condurangit, ätherisches Öl etc. Sie wurde vor 40 Jahren (1871) als Heilmittel gegen Magenkrebs (Volksmittel der Eingeborenen in Ekuador) empfohlen und hat sich als gutes Stomachikum bei ulzerösen und ähnlichen Magenkrankheiten bewährt und im Heilmittelschatze erhalten.

Reihe. Ligustrales.

Oleaceae.

Fraxinus Ornus L. (Frax. rotundifolia Lam.). Mannaesche, Baum. Einheimisch in Südeuropa und dort (z. B. am Karst, in Kroatien, Slawonien, Dalmatien) Wälder bildend, Südtirol, Untersteiermark, Ungarn und Orient. Zur Gewinnung des Manna ausschließlich kultiviert in Sizilien.

Off.: Der durch Einschnitte gewonnene eingetrocknete Saft des Stammes: Manna, Belg., Dänem., Deutschl., Finnl., Griech., Ital., Jap., Kroat., Norweg., Österr., Portug., Rumän., Rußl., Schwd., Schwz., Serb., Span., Ung., Manne en larmes, Frankr., Maná, Span., Mannitum (Hauptbestandteil des Manna s. u.!), Niederl.

Enthält als wichtigsten Bestandteil den sechswertigen Alkohol Mannit, ferner Glykose, Lävulose, Manneotetrose (identisch mit Stachyose) usw.

Als milde wirkendes Abführmittel, zugleich als süß schmeckendes Korrigens in abführenden Medikamenten beliebt. Das Manna der Bibel hat damit nichts zu tun.

Olea europaea L., Ölbaum. Baum oder Strauch. Einheimisch im Orient. Seit dem Altertum in Südeuropa, Nordafrika kultiviert und häufig verwildert. Kulturen sind auch in Südkarolina, Florida, auf den Bermudasinseln, Jamaika, Peru, Chile, Kalifornien, Kapkolonie, Australien.

Off.: Das fette Öl der Früchte (Olivenöl): Ol. Olivarum (Olivae) in allen Pharmakopöen. Abweichende Bezeichnungen: Ol. Olivar. commune und provinciale, Rußl., Finnl., Ac. d. olivas, Span., Huile d'olive, Frankr., Ol. d. olive, Ital., Rumän., Azeite virgem u. A. d. commercio, Portug.

Hauptbestandteile: Mehrere Fettsäureglyceride, vorwiegend Triglyceride der Ölsäure, in geringerer Menge der Linolsäure, ferner Diglyceride der Margarin- und Palmitinsäure usw. Olivenöl dient zu verschiedenen pharmazeutischen Zubereitungen (z. B. der Mixtura oleosa), ferner zu Klysmen, zu Einreibungen usw. Innerlich als mildes Abführmittel. Ist das wichtigste und feinste Speiseöl.

2. Die Blätter und Früchte (Oliven): Oliveira (folh. e frut.), Portug.

In den Blättern ein Bitterstoff Olivamarin, ein Glykosid Oleuropeïn usw. Dasselbe auch in den Früchten. Die Blätter galten ehemals als fieberwidrig.

Reihe. Rubiales.
Rubiaceae.

Cinchona-Arten, Quina-Quina, Chinabäume. Einheimisch in den Anden Südamerikas von 10° n. Br. bis 19° s. Br., in 200 bis 3500 m Meereshöhe. Für den Handel sind in erster Linie die kultivierten Cinchonabäume von Bedeutung. Die Pharmakopöen begnügen sich meist nur mit der Angabe, daß die Rinde von „verschiedenen Cinchonen" abstamme. Beispielsweise werden dann von Kulturbäumen in einigen Pharmakopöen speziell erwähnt:

Cinchona succirubra Pav. Einheimisch im südlichen Ekuador, besonders am Chimborazo bis nach Nordperu. Der wichtigste Kulturbaum in Britisch-Indien, Ceylon und Jamaika, weniger auf Java. Besonders wertvoll sind seine Hybriden.

Cinchona Calisaya Wedd. Einheimisch in Bolivien und Peru. Häufig kultiviert (besonders auch hybride Formen desselben) in Java, Ceylon, Jamaika und Britisch-Indien.

Cinchona Ledgeriana Moens. Einheimisch in Bolivien. Der wichtigste Kulturbaum in Java und jetzt auch in Britisch-Indien bevorzugt, da er die chininreichsten Rinden liefert.

Cinchona officinalis L. Einheimisch in Ekuador und Nordperu. Kultiviert in Britisch-Ostindien, Java, Jamaika.

Cinchona Pahudiana Howd., Bolivien, Peru. Früher kultiviert.

Die indischen Cinchona-Kulturen liegen in den Nilgiris (Hauptplatz Oatakamund), einigen Stellen der Residenzschaft Madras und in Britisch-Sikkim, besonders bei Dardschilling. In neuerer Zeit werden auch in den deutschen Kolonien in Afrika Cinchonen gezogen, ebenso in Bolivien.

Zu den wichtigeren Stammpflanzen der von wildgewachsenen Bäumen stammenden, südamerikanischen Rinden gehören (nach A. v. Vogl):

1. Graue oder braune Rinden: Cort. Chinae fuscus.

Cinchona macrocalyx Pav., Ekuador und Peru, **Cinchona ovata** R. et Pav., Anden von Südperu und Bolivien, **Cinchona peruviana** Howd., Peru, **Cinchona micrantha** Wedd., Bolivien und Peru, **Cinchona officinalis** (s. o.! einschließlich C. Uritusinga Pav. und C. Chahuarguera Pav.).

2. Gelbe Rinden: Cort. Chinae flavus.

Cinchona Calisaya (s. o.!), **Cinchona scrobiculata** Humb. et Bonpl. Peru, **Cinchona australis** Wedd., südliches Bolivien. Südlichste Art. **Cinchona lancifolia** Mutis, Kolumbien, **Cinchona cordifolia** Mutis, Peru, Venezuela — die nördlichste Art. **Cinchona pitayensis** Wedd., Neu-Granada, **Cinchona tucujensis** Karst., Venezuela, Kolumbien, **Cinchona lucumaefolia** Pav., Peru und Ekuador.

3. Rote Rinden: Cort. Chinae ruber.

Cinchona succirubra (s. o.!).

Die einzelnen Arten sind oft sehr schwierig zu unterscheiden und nicht scharf begrenzt und wurden von Weddel in 5 Stirpes zusammengezogen, nämlich der C. officinales, C. rugosae, C. micranthae, C. Calisayae und C. ovatae, die nach Schumann (Engler-Prantl IV, 4.45) vielleicht am besten als Arten festgehalten werden könnten, von denen die übrigen nur Formen darstellen. Die offizinellen Bezeichnungen der Rindendrogen sind: Cort. Chinae, Belg., Dänem., Deutschl., Finnl., Griech., Jap., Niederl., Norwcg., Österr., Schwd., Cort. Chinae succirubrae, Ung., Cort. Cinchonae, Rußl., Schwz., Cort. Cinchonae rubrae, Engl., Cinchona und Cinchona rubra, Amer., China, Kroat., Serb., Quinquina rouge et Q. jaune, Frankr., China gialla und Ch. rossa, Ital., China galabena (Calisaya), Ch. cenuşie sau fusca und Ch. roşie, Rumän., Quina roja, Q. Calisaya und Q. d. Loja, Span., Quina real oder Quina amarella (Cort. Chinae flavus), Q. ciazenta, oder Q. d. Huanuco (Cort. Chin. fuscus), Q. pallida oder Q. de Loxa, Q. vermelha (Cort. Chinae ruber), Portug.

Die Chinarinden enthalten (je nach der Abstammung in qualitativ und quantitativ abweichenden Verhältnissen) zahlreiche Alkaloide. Der wirksame Hauptbestandteil ist das Chinin, welches daraus fabriksmäßig hergestellt wird. In größerer Menge finden sich auch vor: Cinchonin, Chinidin und Chinchonidin; die zahlreichen übrigen Alkaloide können als Nebenalkaloide betrachtet werden. Von anderen Stoffen sind erwähnenswert: Die Chinasäure und Chinagerbsäure (mit dem Spaltungsprodukt Chinarot), Kaffeegerbsäure, der glykosidische Bitterstoff α- und β-Chinovin usw. Die Chinarinden dienen in den Apotheken hauptsächlich zur Darstellung tonischer Präparate vom Charakter der Amara. Das Chinin ist als ein souveränes Fiebermittel bei Malaria, ferner bei vielen Neurosen und Neuralgien, Anämie etc. verwendet und eines der unentbehrlichen Heilmittel.

Uncaria Gambier (Hunt.) Roxb. (Ourouparia Gambir Baill.), Kletterstrauch. Einheimisch auf Malakka, Java und Sumatra, kultiviert um Singapore.

Off.: Das getrocknete, durch Auskochen der Blätter gewonnene Extrakt (Gambir-Catechu, Terra japonica, Catechu pallidum): Catechu, Amer., Engl., Jap., Niederl.

Enthält Catechin b und Catechin c (Catechusäure), Catechugerbsäure usw. Anwendung als Adstringens (vergl. Acacia Catechu!).

Chiococca racemosa L., Strauch. Mexiko, Antillen, Südamerika und wohl auch andere Ch.-Arten.

Off.: Die Wurzel (Rad. Caincae): Cainça (Cahinca), Portug.

Hauptbestandteil ein Glykosid Caincasäure (Caincin) und Kaffeegerbsäure. Die Droge wurde früher als Diuretikum und Emmenagogum angewendet, ist aber jetzt wohl obsolet.

Coffea arabica L., Kaffeebaum. Einheimisch in Abyssinien, Kultur von Arabien ausgehend, am bedeutendsten in Brasilien, ferner auf Java, Sumatra, Ceylon usw., hier im Rückgange. **Coffea liberica** Bull. Einheimisch in Guinea, ebenso kultiviert.

Off.: Die Samen (Kaffee): Sem. Coffeae, Griech., Café, Span., Portug.

Hauptbestandteil: Das Alkaloid der Puringruppe Koffeïn (identisch mit Theïn = Trimethylxanthin; allgemein offizinell), Kaffeegerbsäure, Chlorogensäure usw. Die aromatischen Bestandteile der gerösteten Samen werden als Coffeol zusammengefaßt. Kaffee dient als kräftiges Stimulans und Analeptikum, auch als Antidot bei vielen Alkaloidvergiftungen (Gerbsäure bindet die Alkaloide zu unlöslichen Verbindungen, Koffeïn wirkt zugleich erregend auf die Herztätigkeit). Höchst wichtiges Genußmittel.

Cephaëlis Ipecacuanha (Brot.) A. Rich. (Uragoga Ipec. Baill., Psychotria Ipec. Müll. Arg., Calicocca Ipec. Brot.), kleiner Halbstrauch. Südamerika, speziell Brasilien (Matto grosso etc.), Kolumbien, in Indien kultiviert (Johore-Ipec.).

Off.: Die Wurzel (Brechwurzel, Rio-Ipecacuanha des Handels) †: Rad. Ipecacuanhae, Belg., Deutschl., Engl., Finnl., Griech., Jap., Niederl., Norweg., Österr., Rußl., Schwd., Schwz., Ung., Ipecacuanha, Amer., Kroat., Portug., Serb., Ipecacuana, Ital., Rumän., Ipécacuanha annellée, Frankr., R. d. ipecacuana, Span.

Wirksame Bestandteile: Die giftigen Alkaloide Emetin und Cephaëlin und in sehr geringer Menge Psychotrin, ferner die glykosidische Ipecacuanhasäure. Anwendung: Kräftiges Expektorans und Emetikum. Viel verordnet.

Cephaëlis acuminata Karst. (Nach der Pharmakopöe der Vereinigten Staaten. Sie ist nicht im Ind. Kew. enthalten und vielleicht nur eine Varietät der vorhergehenden.) Kolumbien.

Off.: Die Wurzel (Cartagena-Ipecacuanha) †: Ipecacuanha, Amer. (neben Chephaëlis Ipec. s. o.!).

Gilt für schwächer wirkend als die Rio-Ipecacuanha, stimmt aber chemisch qualitativ mit dieser überein.

Rubia tinctorum L., Krapp, ⚁. Südeuropa, früher als Färbepflanze viel kultiviert (z. B. in Frankreich und Deutschland).

Off.: Die Wurzel (Rad. Rubiae): Roiba, Rumän., Granza (Rubia vel Erythrodanus), Portug.

Wesentlicher Bestandteil: Die glykosidische Rubierythrinsäure, deren Spaltungsprodukt das Alizarin (Dioxyanthrachinon) ist, ferner das Purpuringlykosid (spaltet Purpurin = Trioxyanthrachinon ab) und das Rubiadinglykosid. Früher wichtig als Färbematerialie, gegenwärtig durch die synthetisch gewonnenen Farbstoffe verdrängt.

Caprifoliaceae.

Sambucus nigra L., Holunder, Strauch. Einheimisch in fast ganz Europa und Vorderasien. Allgemein kultiviert.

Off.: 1. **Die Blüten** (Fliedertee): Fl. Sambuci, Belg., Dänem., Deutschl., Engl., Finnl., Griech., Jap., Niederl., Norweg., Österr., Schwd., Schwz., Ung., Sambucus, Kroat., Serb., Sureau, Frankr., Sambuco (flor.), Ital., Fl. d. saúca, Span., Soe (flori), Rumän., Sabugeiro (Cymeiras), Portug.

Bestandteile: Ein Blausäureglykosid Sambunigrin in geringer Menge, Valeriansäure, Cholin etc. Die Droge ist als kräftiges Sudorificum ein sehr populäres Hausmittel bei sogenannten Erkältungskrankheiten.

2. **Die Früchte** (Holunderbeeren): Fruct. Sambuei recentes, Niederl., Sambuco (fruct.), Ital., Soe (bobe), Rumän., Sabugeiro (bayos), Portug.

3. **Die aus den Früchten bereitete Holundersalse**: Roob Sambuei, Kroat., Niederl., Österr., Ung., Roob de soe., Rumän., Suee. Sambuei inspissatus, Schwz., Zumo d. frut. d. saúca, Span.

Die Früchte enthalten ein Blausäure abspaltendes Glykosid, Zucker, angeblich auch Apfel- und Weinsäure, ätherisches Öl usw. Früchte und Salse sind volkstümliche Diuretika.

Viburnum Opulus L., Schneeballenbaum. Gemäßigte und kältere Gebiete von Europa, Asien und Nordamerika, in Gärten (in einer Spielart var. roseum) häufig kultiviert.

Off.: Die Rinde: Viburnum Opulus, Amer.

Die Rinde enthält Valeriansäure (= Viburnumsäure), Viburnin (Bitterstoff), Gerbsäure. Anwendung wie die (häufiger gebrauchte) Rinde von Vib. prunifolium.

Viburnum prunifolium L., Amerikanischer Schneeballenbaum, Black haw bark. Östliche und mittlere Vereinigte Staaten von Amerika.

Off.: Die Wurzelrinde: Cort. Viburni, Österr., Cort. Viburni prunifolii, Niederl., Viburnum prunifolium, Amer. (hier neben der Rinde von Vib. Lentago), Viburnum, Frankr., Serb., Cort. d. viburni, Span.

Enthält Valeriansäure, Viburnin, Gerbsäure, wenig untersucht. Wurde in neuerer Zeit empfohlen bei Menstruationsstörungen, setzt die Reflexerregbarkeit des Uterus herab.

Viburnum Lentago L. Nordamerika.

Off.: Die Wurzelrinde: Viburnum prunifolium, Amer. (neben jener von Vib. prunifol., s. d.!).

Valerianaceae.

Valeriana officinalis L., Baldrian, ♃.. Der Name umfaßt mehrere Arten und Formen. Europa und Asien im außertropischen Gebiete, auch kultiviert (Deutschland, England, Belgien).

Off.: 1. **Der Wurzelstock mit den Wurzeln**: Rhiz. Valerianae, Dänem., Norweg., Rußl. Schwd., Schwz., Riz. d. valeriana, Span., Rad. Valerianae, Belg., Deutschl., Finnl., Griech., Jap., Niederl., Österr., Ung.,

Valeriana, Amer., Kroat., Ital., Portug., Rumän., Serb., Valeriane officinale, Frankr.

Hauptbestandteil: Ätherisches Öl (Baldrianöl, Ol. Valerianae, s. u.!).

2. Das ätherische Öl: Ol. Valerianae, Österr., Ess. d. valeriana, Portug.

Hauptbestandteile der Isovaleriansäure- und der Essigsäureester des l-Borneols, ferner Terpineol, l-Pinen, l-Camphen. Anwendung: Wurzeldroge und Öl als krampfwidriges Heilmittel bei Hysterie etc. Altes Volksheilmittel bei Epilepsie. In neuerer Zeit bei Aufregungszuständen des Herzens in Spezialitätenform beliebt.

Dipsaceae.

Succisa pratensis Moench. (Scabiosa Succisa L.), ♃., Teufelsabbiß. Europa, Ober-Guinea.

Off.: Die blühende Pflanze (Herb. Succisae vel Morsus diaboli) „Escabiosa", Portug.

In alter Zeit angesehenes Heilmittel bei Hydrops, Würmern etc., derzeit gänzlich obsolet. (Soll Gerbsäure enthalten.)

Reihe Synandrae.

Cucurbitaceae.

Bryonia alba L. und **Bryonia dioica** Jacq., ♃., Zaunrübe. Europa, in Deutschland kultiviert.

Off.: Die Wurzel †: Rad. Bryoniae, Griech., Brionia, Portug.

Enthält die Glykoside Bryonin (unwirksam) und Bryonidin. Die Droge wird nur ab und zu noch medizinisch verwendet. Ehemals spielte sie als Diuretikum bei Gicht und Wassersucht eine Rolle und wurde in neuerer Zeit als Hämostatikum empfohlen. In der Homöopathie und als (nicht ungefährliches) Volksmittel angesehen.

Ecballium Elaterium (L.) A. Rich. (Momordica Elaterium L.) ⊙, Spritzgurke. Mittelmeergebiet, Kaukasus, Azoren.

Off.: 1. Die ganze frische Frucht †: Pepino d. San Gregorio (Ecballium, s. Cucumis silvestris), Portug.

2. Ein Sediment aus dem Fruchtsaft †: Elaterium, Engl., Elaterinum, Amer.

Hauptbestandteil α- (unwirksam) und β-Elaterin, vielleicht Spaltungsprodukte eines Glykosids.

In England und Amerika als Abführmittel (Drastikum) verordnet.

Citrullus Colocynthis (L.) Schrad. (Cucumis Colocynthis L.), ⊙, Koloquinte. Afrika, Mittelmeergebiet, Vorderasien, häufig kultiviert und leicht verwildernd.

Off.: Die geschälte Frucht †: Fruct. Colocynthidis, Belg., Dänem., Deutschl., Finnl., Griech., Jap., Niederl., Österr., Norweg., Schwd., Ung., Colocynthis, Amer., Kroat., Schwz., Serb., Colocint, Rumän., Coloquintide, Ital., Coloquinte, Frankr., Coloquintidas, Portug., Colocynthidis Pulpa, Engl.

Bestandteile: Das nach älteren Angaben vorhandene bittere Glykosid Colocynthin (Spaltungsprodukt Colocyntheïn) nach neuesten Untersuchungen nicht bestätigt. Gefunden wurden nach diesen: Ätherisches Öl, Harz, Citrullol (zweiwertiger Alkohol), ein Alkaloid, α-Elaterin usw.

Starkes Abführmittel, in größeren Gaben toxisch.

Citrullus vulgaris Schrad. (Cucurbita Citrullus L., Cucumis Citrullus Ser.) ⊙, Wassermelone. Einheimisch in Südafrika. In allen wärmeren Gegenden kultiviert.

Off.: Die Samen (Melonenkerne. Sem. Citrulli vel Anguriae): Melança (Tetranguria vel aquosus Pepo), Portug.

Sie enthalten hauptsächlich fettes Öl, Cucurbitol etc. und sind beim Volke als Diuretikum bekannt.

Cucumis sativus L., ⊙, Gurke. Einheimisch in Ostindien. Als Gemüsepflanze überall kultiviert.

Off.: Die Frucht: Pepino (Cucumis), Portug.

Der Saft frischer Gurken dient als volkstümliches Kosmetikum bei „unreiner Haut". Die Samen enthalten Fett und werden volkstümlich wohl wie Kürbissamen als Wurmmittel verwendet.

Cucumis Melo L., ⊙, Melone. Einheimisch im südlichen Asien und tropischen Afrika. Überall als Obstpflanze kultiviert.

Off.: Die Samen (Sem. Melonum): Melão (Pepo), Portug.

Sie enthalten ein fettes Öl. Anwendung wie Kürbissamen als Volksmittel gegen Bandwurm.

Lagenaria vulgaris Ser. var **Couyourda** Ser. (Cucurbita Lagenaria L. var. teres oblonga Brot.), ⊙, Flaschenkürbis, Kalebasse. Einheimisch in den Tropen der Alten Welt. In allen wärmeren Ländern kultiviert.

Off.: Das Fruchtfleisch: Colombro (Cucurbita alba), Portug.

Das Fruchtfleisch ist eßbar und gilt als kühlend. Medizinisch bedeutungslos.

Cucurbita Pepo L. und **Cucurbita maxima** Duch., ⊙ Kürbis. Heimat unbekannt, wahrscheinlich Amerika. In allen wärmeren Gebieten kultiviert.

Off.: 1. Die Früchte: Calabazza (Cucurbita), Span. (nennt bloß C. Pepo).

2. Die Samen (Kürbiskerne): Sem. Cucurbitae, Griech., Sem. d. Calabazza, Span. (nennt bloß C. Pepo), Pepo, Amer. (nennt bloß C. Pepo), Courge, Frankr., Cucurbita, Portug.

Die Samen enthalten vorwiegend fettes Öl (Kürbiskernöl, Ol. Peponis), das als Speiseöl dient, angeblich auch ein Glykosid „Cucurbitin". Der wirksame Bestandteil ist nicht bekannt (ein Harz?). Die Samen sind sowohl als Volksmittel wie ärztlich als gute Bandwurmmittel in Gebrauch.

Lobeliaceae.

Lobelia inflata L., ☉, Indian Tobacco. Östliche und mittlere Vereinigte Staaten von Amerika und Kanada. Kultiviert in Newyork und Massachusets.

Off.: Das blühende und fruchttragende Kraut †: Herb. Lobeliae, Belg., Dänem., Deutschl., Griech., Jap., Niederl., Norweg., Österr., Schwd., Schwz., Ung., Lobelia, Amer., Engl., Ital., Kroat., Serb., Portug., Lobelia inflata, Rumän., Lobélie enflée, Frankr.

Wirksame Bestandteile die Alkaloide Lobeliin und Inflatin, sowie die Lobeliasäure. Ein Glykosid „Lobelacrin" ist zweifelhaft.

Die Präparate der Droge und diese selbst dienen als Asthmaheilmittel.

Compositae.

a) Tubiflorae.

Eupatorium perfoliatum L., ♃, Boneset. Östliches und mittleres Nordamerika.

Off.: Die Blätter und die blühenden Zweigspitzen: Eupatorium, Amer.

Das Kraut enthält u. a.: Eupatorin (Glykosid), ätherisches Öl etc. Es wird in Nordamerika als Amarum verwendet. Wurde auch als Diaphoretikum und Diuretikum empfohlen.

Grindelia robusta Nutt. und **Grindelia squarrosa** (Pursh.) Dun. Westliches Nordamerika, Q. squarr. bis zum Mississippi. Diese angeblich aus Peru stammend.

Off.: Das Kraut: Herb. Grindeliae robustae, Rußl. (nennt Gr. squarrosa nicht), Herb. Grindeliae, Griech., Grindelia, Amer., Frankr. (nennt nur Gr. robusta).

Die Droge enthält zwei Glykoside von saponinartiger Natur und Alkaloide. Nach älteren Untersuchungen ein Alkaloid Grindelin, ein Saponin und harzige Substanzen. Von Amerika aus als Antiasthmatikum und bei Blasenleiden empfohlen.

Erigeron canadensis L., Berufskraut (Canada fleabane), ☉ oder ⊙. Einheimisch in Nordamerika. Über die ganze Erde verschleppt.

Off.: Das ätherische Öl: Ol. Erigerontis, Amer.

Enthält hauptsächlich d-Limonen, ein Terpineol, Aldehyde. Man wendet es in Amerika als Hämostatikum und gegen Diarrhöen an.

Blumea balsamifera DC., Halbstrauch. Malaiische Inseln, Cochinchina, China, Philippinen. Auch kultiviert.

Off.: Die Blätter: Fol. Blumeae, Niederl.

Sie enthalten den sogenannten Ngaikampfer, welcher aus l-Borneol besteht, und l-Kampfer. Die Blätter dienen in ihrer Heimat als Expektorans und Diaphoretikum. Der Ngaikampfer wird auch in der Tuschfabrikation und als Riechstoff verwendet.

Antennaria dioica (L.) Gaertn. (Gnaphalium dioicum L.), ♃., Katzenpfötchen. Fast in ganz Europa, Nordasien und Nordamerika.

Off.: Die Blütenstände: Fl. Gnaphalii, Belg., Pied de chat, Frankr.

Chemisch unerforscht. Sind nur als Volksmittel bei Lungenkrankheiten, Diarrhöe etc., hauptsächlich als Adstringens noch ab und zu in Gebrauch.

Inula Helenium L., ♃., Alant. Mitteleuropa, Vorderasien, häufig kultiviert.

Off.: Die Wurzel (Rad. Helenii): Inula, Rumän., Enula campana, Portug. In Niederl. wird die Droge Rad. Helenii nur anläßlich der Bereitung des Extract. Helenii genannt.

Die Wurzel enthält hauptsächlich Inulin und ein ätherisches Öl, in diesem Alantolacton (= Helenin), Alantol (Alantkampfer), Alantsäure.

Ehemals geschätzt als Diaphoretikum, Diuretikum, Expektorans etc., jetzt nur mehr als Volksmittel von Bedeutung.

Spilanthes oleracea Jacq. (Parakresse, Paraguay-Roux), ☉. Ursprünglich in Südamerika, in einigen Gebieten Europas kultiviert (z. B. in Deutschland).

Off.: Das blühende Kraut (Herb. Spilanthis): Spilanthus (Agrião da Pará), Portug.

Hauptbestandteil: Ätherisches Öl, darin Spilanthen und Spilanthol. Als Bestandteil von schmerzstillenden Zahntinkturen viel verwendet.

Bidens pilosa L., ☉. Nordamerika, Mexiko, verschleppt nach Teneriffa, auf Mauritius, Neu-Guinea.

Off.: Die Blätter: Fol. Bidentis, Niederl.

Wurden empfohlen als Tonico-Excitans und Teesurrogat.

Anthemis nobilis L, ♃., Römische oder Große Kamille. Westeuropa, häufig kultiviert (besonders in Belgien und Deutschland).

Off.: 1. Die Blüten (speziell die sog. gefüllten Blüten): Fl. Chamomillae romanae, Jap., Niederl., Österr., Schwz., Fl. Chamomillae, Belg., Fl. Anthemidis, Engl., Anthemis, Amer., Camomille Romaine, Frankr., Camomilla romana, Ital., Manzanilla romana, Span., Camomilla, Portug.

Hauptbestandteil ein ätherisches Öl (s. u.!). Sehr beliebtes Hausmittel bei Koliken (innerlich und zu warmen Umschlägen).

2. Das ätherische Öl (Römisch-Kamillenöl): Ess. Chamomillae, Belg., Ol. d. camomilla, Portug., Ol. Anthemidis, Engl.

Bestandteile nach neueren Untersuchungen Angelikasäure, Isobuttersäure, mehrere Alkohole (n-Butylalkohol, Hexylalkohol etc.), Anthemol in schwankender Menge. Anwendung wie die Blüten.

Anacyclus Pyrethrum DC., ♃., Römischer Bertram. Mittelmeergebiet, besonders Algier, auch in Deutschland kultiviert.

Off.: Die Wurzel: Rad. Pyrethri romani[1]), Engl., Griech., Österr.,

---

[1]) Zum Unterschiede von Rad. Pyrethri germanici, von Anacyclus officinarum Hayne, in Deutschland kultiviert, Heimat unbekannt.

Span., Pyrethrum, Amer., Piretru, Rumän., Pyrèthre d'Afrique, Frankr., Pyrethro, Portug.

Enthält quantitativ vorherrschend Inulin, ferner als wirksame Bestandteile Pyrethrin (ein Alkaloid, nahe verwandt dem Piperidin), ätherisches Öl, Harz, darin das Alkaloid Pellitorin (vielleicht Pyrethrin?). Anwendung: Als Kaumittel (speichelziehend) und in Präparaten gegen Zahnschmerzen, so auch als Volksmittel.

Anacyclus radiatus Lois. (Anacycl. aureus Brotero non Linné), ⊙. Südeuropa.

Off.: Die Blütenkörbchen: Macella (Amaranthus), Portug.

In Südeuropa gegen Gelbsucht und als Emolliens verwendet. Wohl nur von ganz lokaler Bedeutung.

Achillea Millefolium L., ♃, Schafgarbe. Nord- und Mitteleuropa bis zum Himalaja, durch Sibirien bis Nordamerika, eingeschleppt in Neuseeland und Südaustralien.

Off.: 1. Das blühende Kraut: Herb. Millefolii, Griech., Österr., Schwz., Achilea, Rumän., Milfolhada (bloß die Blätter), Portug.

2. Die Blüten: Fl. Millefolii, Finnl., Rußl.

Das Kraut enthält angeblich einen glykosidischen Bitterstoff Achilleïn, Aconitsäure und ätherisches Öl, darin Cineol. Anwendung nur als Volksmittel (in sog. blutreinigenden Teegemengen), auch bei Lungenkrankheiten.

Matricaria Chamomilla L., ⊙, (Kleine) Kamille. Europa, Vorderasien, Sibirien, eingeschleppt in Nordamerika.

Off.: 1. Die Blütenkörbchen (Kamillentee): Fl. Chamomillae vulgaris, Niederl., Österr., Rußl., Fl. Chamomillae, Dänem., Deutschl., Finnl., Griech., Jap., Norweg., Schwd., Schwz., Ung., Chamomilla vulgaris, Kroat., Serb., Matricaria, Amer., Camomilla comune, Ital., Manzanilla ordinaria, Span., Camomila, Rumän.

Enthalten ätherisches Öl (Kamillenöl, s. u.!). Sehr viel verwendetes Hausmittel bei Koliken.

2. Das ätherische Öl der Blütenkörbchen (Kamillenöl): Ol. Chamomillae, Schwz., Ess. d. camomilla comune, Ital.

Chemisch wenig bekannt. Enthält Paraffin, Caprinsäure, Coeruleïn (Azulen, blaues Öl), usw. Anwendung als Zusatz zu „magenstärkenden" Präparaten und Likören.

Chrysanthemum vulgare (L.) Bernh. (Tanacetum vulgare L.), ♃, Rainfarn. Ganz Europa (auch kultiviert), Kaukasus, Sibirien, eingeschleppt und kultiviert zur Ölgewinnung in Nordamerika.

Off.: Das blühende Kraut (Herb. Tanaceti): Tanaceto (Athanasia) Portug., Tanacet, Rumän.

Enthält ein ätherisches Öl (Rainfarnöl †), darin Thujon (Tanaceton), l-Kampfer, Borneol usw. Die Droge und das Öl werden ab und zu als Anthelminthikum und beim Volke als Abortivum verwendet.

Chrysanthemum Balsamita L. (Tanacetum Balsamita L.), ♃., Frauenminze. Südeuropa, häufig als Gartenpflanze kultiviert.

Off.: Die Blätter (ehemals unter den Namen Herb. Menthae sarracenicae vel romanae): H. d. costo hortense (Fol. costi hortensis), Span.

Hauptbestandteil ein ätherisches Öl. Wird als Wurmmittel — vielleicht auch als volkstümliches Abortivum, worauf der vulgäre Name hindeutet — angewendet. Medizinisch obsolet.

Cotula aurea Loefl., ⊙. Mittelmeergebiet, Orient, Kaukasus.

Off.: Die Blütenkörbchen: Manzanilla fina (Fl. Chamomillae, neben anderen), Portug. Anwendung wie Kamillen.

Artemisia Cina Berg., ♃.. Turkestan.

Off.: Die unentfalteten Blütenkörbchen (Wurmsamen, Zitwersamen): Fl. Cinae, Belg., Dänem., Deutschl., Finnl., Jap., Niederl., Norweg., Österr., Rußl., Schwd., Schwz., Ung., Cina, Kroat., Serb., Santonicum, Engl., Santonica, Amer., Santonico, Ital., Span., Portug., Semen contra d'Alep, Frankr., Sem. Santonici, Griech.

Einige Pharmakopöen, nämlich die von Amer., Engl., Frankr. und Portug., nennen als Stammpflanze der offizinellen Droge (Portug. neben Artemisia Cina) Artemisia maritima L., var Steckmanniana Bess. (oder Artemisia maritima L., var pauciflora Ledeb.) = **Artemisia pauciflora** Steckm., deren Blütenkörbchen an der unteren Wolga eingesammelt werden und gleichfalls als Cina in den Handel kommen. Diese Pharmakopöen meinen wohl die echte Droge, leiten sie aber auf die andere Stammpflanze zurück, die jedenfalls der Artemisia Cina sehr nahe verwandt ist

Der wirksame Bestandteil der Droge ist das Santonin (Anhydrit der Santoninsäure), welches daraus fabriksmäßig hergestellt wird und allgemein offizinell ist. Außerdem enthält die Droge ein ätherisches Öl (Wurmsamenöl), in diesem als Hauptbestandteil Cineol. Die Zitwersamen und das Santonin sind vielbenützte Heilmittel gegen Spulwürmer.

Artemisia Abrotanum L., Halbstrauch, Eberraute. Südeuropa, in Gärten und als Drogenpflanze auch kultiviert.

Off.: Die blühenden Zweigspitzen: Abrotano, Portug.

Enthalten ätherisches Öl, einen Bitterstoff und Abrotanin (Alkaloid). Sie werden höchstens als Volksmittel (Amaro—Aromatikum), sowie in der Likörindustrie verwendet.

Artemisia vulgaris L., ♃., Beifuß. Europa, Vorderasien, Japan, Sibirien und Nordamerika.

Off.: 1. Das blühende Kraut: Herb. Artemisiae, Griech., Schwz., Artemisia (summidad florid.), Portug., Armoise commun, Frankr.

2. Die Wurzel: Rad. Artemisiae, Griech.

Das Kraut und die Wurzel enthalten ätherisches Öl und darin Cineol und Thujon. In der Wurzel auch Inulin. Nur mehr als Volksmittel — z. B. gegen Epilepsie, sowie als Abortivum — gebräuchlich.

Artemisia mollis Gay, ♃.. Europa, Vorderasien, Sibirien, Nordamerika.

Off.: Die Blätter: Artemisia molle, Portug.

Artemisia Absinthium L., ♃., Wermut. Mittel- und Südeuropa bis Kaschmir und Sibirien, Nordafrika, eingeschleppt in Nordamerika, häufig zur Ölgewinnung kultiviert (Frankreich, Deutschland).

Off.: Das blühende Kraut: Herb. Absynthii (Absinthii), Belg., Dänem., Deutschl., Finnl., Griech., Jap., Norweg., Österr., Rußl., Schwd., Schwz., Ung., Summitat. Absynthii, Niederl., Absynthium, Kroat., Serb., Absintiu, Rumän., Absynth, Frankr., Assenzio (Abs. fol. et summit.) Ital., Ajenjo, Span., Losna, Portug.

Wirksamer Bestandteil ein ätherisches Öl (Wermutöl), darin vorwiegend Thujon, Thujol usw., ferner ein glykosidischer Bitterstoff Absynthiin. Anwendung als Amarum und Aromatikum. Wichtig in der Likörindustrie.

Tussilago Farfara L., ♃., Huflattich. Europa, gemäßigtes Asien, Nordafrika, in Nordamerika eingeschleppt.

Off.: 1. Die Blätter: Fol. Farfarae, Dänem., Deutschl., Griech., Jap., Norweg., Österr., Rußl., Tusilaga, Rumän., H. d. tusilago, Span., Tossilagem (folh.) Portug.

2. Die Blüten: Tussilage, Frankr., Tossilagem (capitulos), Portug.

Die Blätter enthalten Inulin, ferner ein bitteres Glykosid und Gallussäure, die Blüten Phytosterine (Faradiol) etc. Die Droge, ein ehemals sehr angesehenes Heilmittel bei Lungenkrankheiten, wird gegenwärtig nur als Volksmittel verwendet.

Arnica montana, ♃,. Arnika, Wohlverlei. Mitteleuropa, Skandinavien, auf subalpinen Wiesen.

Off.: 1. Der Wurzelstock: Rad. Arnicae, Griech., Österr., Rhiz. Arnicae, Engl., Riz. d. arnica, Span., Portug., Arnica, Ital., Kroat., Serb., Rumän.

2. Die Blätter: Arnica, Kroat.

3. Die Blüten (teils mit, teils ohne Blütenboden): Fl. Arnicae, Belg., Dänem., Deutschl., Finnl., Griech., Jap., Niederl., Norweg., Österr., Rußl., Schwd., Schwz., Arnica, Amer., Frankr., Ital., Kroat., Portug. (capitulos), Rumän., Serb., Fl. d. arnica, Span.

Blüten und Wurzelstock enthalten den Bitterstoff Arnicin als angeblich wirksamen Bestandteil, ferner ätherisches Öl. Präparate der Droge sind besonders bei Kontusionen und innerlichen Blutungen (Apoplexie etc.) beliebte — aber innerlich genommen nicht harmlose — Volksmittel.

Calendula officinalis L., ☉, Ringelblume. Mittelmeergebiet, Orient, verwildert in Australien und Japan, als Zierpflanze sehr häufig — seltener als Drogenpflanze (bei Erlangen) — kultiviert.

Off.: Die Zungenblüten (Flor. Calendulae): Calendula, Amer.

Sie enthalten einen Bitterstoff Calendulin, ätherisches Öl etc. Nur als Volksmittel und als Bestandteil des ehemals offizinell gewesenen Räuchertees (Species fumigantes) in Verwendung. Fälschungsmittel für Safran.

Xeranthemum inapertum Willd. (Xeranthemum annuum Brotero non Linné). ⊙ Südeuropa.

Off.: Die Blüten: **Perpetuas roxas** (Xeranthemum), Portug.

Arctium Lappa L. (Lappa vulgaris Mill., Lappa major Gaertn.) und **Arctium tomentosum** Mill. (Lappa tomensa Lam.), ⊙, Klette. Europa, Asien, in Nordamerika eingeschleppt. Kultiviert in Deutschland.

Off.: Die Wurzel (Klettenwurzel): **Rad. Bardanae,** Griech., Österr., **Bardana** (Persolata), Portug., **Lappa,** Amer.

Hauptbestandteil: Inulin. Die Droge wird lediglich als Volksmittel im sogenannten Blutreinigungs- oder Holztee (Species lignorum) angewendet. Sie gilt auch — mit Unrecht — als haarwuchsbefördernd (Klettenwurzelöl).

Cnicus Benedictus L. (Kardobenediktenkraut) ⊙. Europäisches Mittelmeergebiet und Kleinasien. Auch kultiviert.

Off.: Die Blätter: **Herb. Cardui benedicti,** Belg., Deutschl., Finnl., Griech., Jap., Niederl., Rußl., Schwz., **Fol. Cardui benedicti,** Schwd., **Carduus benedictus,** Kroat., **Cardo santo,** Portug.

Enthält ein bitteres Glykosid Cnicin (Centaurin) und wird als Bittermittel, häufig auch in der Tierheilkunde, verwendet.

b) Liguliflorae.

Cichorium Intybus L., ♃., Zichorie, Wegwart. Europa, gemäßigtes Asien, häufig kultiviert (Deutschland, Österreich).

Off.: Wurzel und Blätter der wildgewachsenen Pflanze: **Cicoria,** Ital., **Chicorée sauvage** Fr., **Archicoria,** Span.

Die Wurzel enthält hauptsächlich Inulin und schmeckt bitter. Sie wird wie Taraxacum verwendet. Die geröstete Wurzel der kultivierten Pflanze ist ein bekanntes Kaffeesurrogat.

Cichorium Endivia L., ⊙ und ⊙, soll aus Ostindien stammen, ist aber vielleicht eine Kulturform von C. divaricatum Schousb. (Mittelmeergebiet), häufig als Salatpflanze (Endiviensalat) gebaut.

Off.: Die Wurzel: **Chicorea** (Cichorium vel Endivia), Portug.

Weniger bitter als die vorerwähnte Droge.

Scorzonera hispanica L., ♃.. Mittel- und Südeuropa bis zum Kaukasus. Als Gemüsepflanze kultiviert.

Off.: Die Wurzel (Schwarzwurzel): R. d. **escorzonera** (Rad. Scorzonerae), Span.

Die Wurzel enthält Inulin, Asparagin und das Glykosid Coniferin. Obsolet. Beliebtes Wurzelgemüse.

Taraxacum officinale Wigg. (Leontodon Taraxacum L.), ♃., Löwenzahn. In vielen Formen fast über die ganze Erde verbreitet, auch kultiviert (als Salatpflanze und zur Gewinnung der Wurzel).

Off.: 1. Die Blätter: **Fol. Taraxaci,** Griech., Österr., **Taraxacum** (fol.), Kroat., **Pissenlit,** Frankr., H. d. **taraxón,** Span.

2. Die Wurzel: **Rad. Taraxaci,** Engl., Griech., Österr., Rußl., Schwd., Schwz., Ung., **Taraxacum,** Amer., Kroat., **Tarassaco,** Ital.

3. Die Wurzel samt den Blättern: Rad. Taraxaci cum herba, Deutschl., Jap., Rußl., Rad. et Herb. Taraxaci recentes, Niederl., Taraxac, Rumän., Taraxaco, Portug.

4. Der Preßsaft: Succus Taraxaci, Engl.

Die Wurzel enthält Inulin (besonders im Herbst). Im Milchsaft der Pflanze Taraxacin (Bitterstoff, Glykosid) und das wachsartige Taraxacerin etc.

Sehr populäres Heil- und Volksmittel, Bittermittel, Cholagogum etc. Der frische Preßsaft ehemals zu sogenannten Frühlingskuren und bei Augenkrankheiten.

Lactuca virosa L., ⊙, Giftlattich. Mittel- und Südeuropa, sehr beschränkt als Medizinalpflanze kultiviert.

Off.: 1. Der eingetrocknete Milchsaft (deutsches, englisches Lactucarium) †: Lactucarium, Amer., Griech., Niederl., Lactucarium germanicum, Ung., Lactucario, Span. (auch von Lact. altissima, s. d.!).

2. Das Kraut der blühenden Pflanze: Alface virosa (Lactuca virosa), Portug.

3. Ein Sirup: Syrupus Lactucarii, Rumän.

Das Kraut enthält ein mydriatisches Alkaloid (Hyoscyamin nach älterer, aber nicht bestätigter Angabe). Im Milchsaft (Lactucarium) Lactucin, Lactucocerin, Lactucopicrin, Lactucon usw. Die Chemie der Inhaltsstoffe ist nicht ganz geklärt. Das Lactucarium wurde ehemals als Hypnotikum und Sedativum an Stelle des Opiums sehr geschätzt, wird aber gegenwärtig nur mehr selten verordnet.

Lactuca altissima M. Bieberst. Südeuropa, Kleinasien, in Frankreich auch kultiviert.

Off.: Der Milchsaft (französisches Lactucarium) †: Lactucario, Span. (hier neben dem vorerwähnten), Portug.

Chemie und Anwendung wie bei der oben erwähnten Droge.

Lactuca sativa L., ⊙, Lattich, Salat. In vielen Kulturformen als Gemüsepflanze überall kultiviert.

Off.: Die Blätter: Lechuza (Lactuca) Span., Alface (Herb. Lactuc. sativ. florens), Portug.

Der Milchsaft enthält ähnliche Substanzen wie Lactucarium, z. B. Lactucin.

Als Heilmittel obsolet. Ehemals der Milchsaft wie Lactucarium verwendet.

II. Klasse. Monocotyledones.

Reihe. Helobiae.

Alismataceae.

Alisma Plantago L.*), ♃, Froschlöffel. In Wassergräben etc. der gemäßigten Zone beider Hemisphären.

---

*) Die portugiesische Pharmakopöe nennt Alisma Plantago L. var ♂ minus Kunth, ein Name, der in neueren Werken nicht auffindbar ist.

Off.: Der knollige Wurzelstock (alter Drogenname: Rad. Plantaginis aquaticae): **Tanchagem aquatica** (Alisma tubercula radical), Portug.

Die Pflanze enthält einen scharfen Saft und wurde im frischen Zustande ehemals bei Skorbut, als Emmenagogum und bei Lyssa (Hundswut) angewendet. Gegenwärtig ist die Droge gänzlich obsolet.

Reihe. Liliiflorae.

Liliaceae.

Melanthoideae.

Sabadilla officinalis (Schlecht. et Cham.) Engl. (Schoenocaulon officinale A. Gray, Asagraea officinalis Lindl.), ⚥.. Gebirge von Mexiko, Guatemala und Venezuela.
Off.: 1. Die Samen (Läusesamen) †: Sem. Sabadillae, Deutschl., Griech., Norweg., Österr., Schwz., Sabadilla, Kroat, Sabadila, Rumän., Cévadille, Frankr., Sem. d. cebadilla, Span., Sabadiglia, Ital.
2. Die Früchte: Cevadilla, Portug.

Die Samen enthalten mehrere Alkaloide, darunter als das wichtigste das sehr giftige Veratrin (= Cevadin), das in den meisten Pharmakopöen noch angeführt wird und aus Sem. Sabadillae gewonnen wird. Andere Alkaloide sind: Veratridin, Sabadillin (= Cevadillin), Sabatrin, Sabadin, Sabadinin. Man verwendet die Droge nur mehr äußerlich in Form der sogenannten Läusesalbe gegen Kopfläuse.

Veratrum album L., ⚥., Weiße Nießwurz, Germer. Gebirge von Europa und Asien.

Off.: Der Wurzelstock samt den Wurzeln †: Rhiz. Veratri, Deutschl., Griech., Schwd., Schwz., Rhiz. Veratri albi, Belg., Veratrum, Amer. (hier neben dem Rhiz. v. Ver. viride), Veratro branco, Portug. (nennt die Varietäten, **V. album** L. var. **albiflorum** = Veratr. alb. Bernh. und **var. viridiflorum** Mart. et Koch = Veratr. Lobelianum Bernh.).

Die Droge enthält die Alkaloide Protoveratrin, Jervin als wirksame Bestandteile, ferner die Alkaloide Pseudojervin, Rubijervin, Veratroidin etc. Anwendung: Ehemals angesehenes Heilmittel als Emetikum, Drastikum, Diuretikum, Antineuralgicum, jetzt nur mehr zu Nießpulvern und als (nicht ungefährliches) Volksmittel gegen Läuse.

Veratrum viride Ait., ⚥.. In den östlichen und mittleren Vereinigten Staaten von Amerika, eingebürgert in Kanada, Britisch-Kolumbia, Alaska.

Off.: Der Wurzelstock und die Wurzeln †: Veratrum, Amer. (hier neben dem Rhiz. von Veratr. alb.), Veratro verde, Portug.

Wurde in Form einer Tinktur als Fiebermittel empfohlen. Obsolet, als Volksmittel wie Veratr. album, mit welchem die Droge chemisch übereinstimmt.

Colchicum autumnale L., ♃., Herbstzeitlose. Mittel-, West- und Südeuropa, Algier.

Off.: 1. Die Samen: Sem. Colchici, Amer., Belg., Dänem., Deutschl., Engl., Finnl., Griech., Jap., Niederl., Norweg., Österr., Schwd., Schwz., Ung., Colchicum, Serb., Colchic (sem.), Rumän., Sem. d. colquico, Span., Colchico, Ital., Coentro (sem.), Portug., Colchique, Frankr.

2. Die Zwiebelknolle (Tuber Colchici): Colchici cormus, Amer., Engl., Colchic (bulb.), Rumän., Coentro (tuberculo), Portug.

Samen und Zwiebelknollen enthalten das Alkaloid Colchicin als wirksamen Bestandteil. Altes und noch häufig verwendetes Heilmittel gegen Gicht und Rheumatismus, früher auch als Diuretikum und Drastikum.

Asphodeloideae.

Asphodelus ramosus L. (Unter diesen Namen fallen verschiedene Arten. Es ist nicht klar, welche in der Pharm. Portug. gemeint ist), ♃.. Südeuropa, Kleinasien.

Off.: Der Wurzelstock: Gamões (Asphodelus), Portug.

Enthält Schleim, Saccharose etc. In der alten Medizin als Diuretikum und äußerlich bei Krätze verwendet gewesen. Obsolet.

Aloë-Arten, ♃.. Die wichtigsten, für die Gewinnung der Droge in Betracht kommenden Arten sind: **Aloë ferox** Mill., **Aloë africana** Mill., im südlichen und südöstlichen Kaplande, auch kultiviert, **Aloë Perryi** Bak. auf Sokotra, **Aloë succotrina** Lam. in Natal, **Aloë vera** L. (hieher Aloë vulgaris Lam., A. barbadensis Mill. und A. vera L. var. chinensis Bak.), die nördlichste Art, Kanarische Inseln, Nordafrika, Pyrenäische Halbinsel, Inseln des Mittelmeeres, Griechenland, im Küstengebiet von Syrien, Arabien und Ostindien, kultiviert (besonders die var. chinensis) zur Gewinnung der Droge in Barbados, Curaçao, Aruba und Bonaire etc.

Off.: Der eingetrocknete Blättersaft, je nach der Beschaffenheit im Handel bezeichnet als Aloë lucida — glänzende Aloë — gewonnen im Kaplande, oder Aloë hepatica — matte- oder Leberaloë — gewonnen in Ostindien, Natal, Ostafrika, Zanzibar, Sokotra Westindien: Aloë (alle hier erwähnten Staaten schreiben unter diesem Namen, sofern nichts besonders erwähnt ist, eine Aloë lucida vor): Amer., Belg., Dänem., Deutschl., Finnl., Griech., Ital., Jap., Kroat., Niederl. (auch A. hepatica), Norweg., Österr., Rumän. (auch A. hepat.), Rußl., Schwd., Schwz., Serb., Ung., Acibar, Span. (auch A. hepatica), Aloës, Portug. (A. capensis, socoterina und barbadensis), Frankr., Aloë barbadensis und A. soccotrina, Engl.

Zusammensetzung nach Sorte und Herkunft einigermaßen verschieden. Hauptbestandteil der Aloë ist das Aloin, ein Glykosid, das zu den Anthrachinonen (Anthraglukosiden) gehört. Man unterschied: Barbaloin, Kapaloin, Nataloin usw., die aber alle identisch sein sollen. Ferner kommen vor Aloë-Emodin (Trioxymethylanthrachinon) und Aloëharz, dieses ein Ester des Harzalkohols Aloëresinotannol mit Paracumarsäure, oder vielleicht auch eine glykosidische Verbindung. In der Barbadosaloë auch Isobarbaloin. Der von Barbaloin und Isobarbaloin abgespaltene Zucker Aloinose ist identisch mit d-Arabinose. Aloë ist ein seit dem Altertum bekanntes und beliebtes Abführmittel, das in größeren Dosen drastisch wirkt. Im Volke wird es auch als Abortivum benützt. Die wohlriechende Aloë der Alten, die sie zu Räucherungen etc. benützten, ist das Holz von Aquilaria Agallocha Roxb., Thymelaeaceae.

Allium sativum L. var. **vulgare** Döll., Knoblauch und **Allium sativum** L. var. **ophioscorodon** (Lnk.) Döll, Rokambolle, ⚥.. Überall kultiviert als Küchenpflanze, einheimisch in der Dsungarei.

Das im Knoblauch vorhandene stark riechende „Knoblauchöl" enthält Schwefel in Form von Di- und Trisulfiden, z. B. Allyl-Propyldisulfid. Die Pflanze galt im Altertum als gutes Heilmittel gegen verschiedene Krankheiten. Beim Volke mancher Länder wird sie als Diuretikum, Diaphoretikum und Wurmmittel angesehen. Sehr wichtige Küchenpflanze.

Allium Cepa L., Küchenzwiebel. Heimat unbekannt, überall kultiviert.

Das Zwiebelöl enthält mehrere schwefelhältige Verbindungen (Sulfide). Die Pflanze wird in der Volksmedizin ähnlich verwendet wie Knoblauch. Sie ist eine der wichtigsten Küchenpflanzen.

Lilioideae.

Erythronium dens canis L., Hundszahn, ⚥.. Südeuropa bis Böhmen, Altai, Japan.

Off.: Die Stärke der Zwiebel: Amylum-Katakuri, Jap.

Die Zwiebel selbst galten einst als Aphrodisiacum. Die Stärke wird wie Amylum Oryzae etc. verwendet, auch als Nahrungsmittel.

Urginea maritima (L.) Bak. (U. Scilla Steinh., Scilla maritima L.), ⚥.. Meerzwiebel, Mäusezwiebel. Küstengebiet des Mittelmeeres. Die Pflanze kommt in zwei Standortsvarietäten mit roten oder mit weißen Zwiebelschalen vor. Demgemäß fordern manche Pharmakopöen die rote, andere die weiße Scilla, oder lassen beide zu.

Off.: Die getrockneten fleischigen Zwiebelschalen †: Bulbus Scillae, Belg., Dänem., Deutschl., Finnl., Griech., Jap., Niederl., Norweg., Österr., Rußl., Schwd., Schwz., Ung., Scilla, Amer., Engl., Ital., Kroat., Portug., Serb., Scila, Rumän., Bulbo d. escila, Span., Scille, Frankr.

Die Droge enthält mehrere toxische Körper, nämlich das Glykosid Scillaïn, und die Alkaloide Scillipikrin, Scillitoxin und Scillin, Schleim, Dextrose, Sinistrin (Kohlehydrat) etc. Man verwendet Scillapräparate hauptsächlich als Diuretika bei Herzkrankheiten, früher auch als Emetika Die Droge dient auch als Mäusevertilgungsmittel.

Asparagoideae.

Asparagus officinalis L., ♃., Spargel. Europa, Nordafrika, als Gemüsepflanze ausgebreitet kultiviert.

Off.: Der Wurzelstock (Rad. od. Rhiz. Asparagi): Asparago, Ital., Asperge, Frankr., Riz. d. esparraguera, Span., Espargo-raiz é turiões recentes, Portug.

Der Wurzelstock enthält angeblich kein Asparagin. Dieses kommt in den jungen Sprossen vor, welche als Gemüse genossen werden.

Die Droge ist noch immer als Diuretikum — halb als Volksmittel — beliebt. Ehemals gehörte sie zu den sogenannten Radices quinque aperientes majores.

Ruscus aculeatus L. ♃., Mäusedorn. Mittelmeergebiet, westliches Frankreich, Belgien, Großbritannien.

Off.: Der Wurzelstock (Rhiz. Rusci od. Brusci): Riz. d. brusco Span., Rusco, Ital., Petit houx, Frankr., Gilbarbeira (Ruscum), Portug.

Die Droge ist chemisch ungenügend bekannt. Sie wurde ehemals als Diuretikum (unter d. Radices quinque aperientes majores) verwendet. Die jungen Sprosse werden in Sizilien wie Spargel genossen.

Convallaria majalis L., ♃., Maiglöckchen. Europa und Sibirien bis Japan, Nordamerika.

Off.: 1. Das blühende Kraut †: Herb. Convallariae, Griech. Österr., Schwz., Lirio de los valles, Span., Convallaria, Ital., Muguet, Frankr.

2. Die Blüten: Fl. Convallariae, Rußl.

3. Der Wurzelstock: Convallaria, Amer.

Im Kraut die toxischen Glykoside Convallamarin und Convallarin, im Wurzelstocke Asparagin (nach älterer Analyse). Anwendung: Das Kraut als Kardiakum in neuerer Zeit empfohlen. In der alten Medizin zu Nießpulvern und als Purgans.

Smilacoideae.

Smilax China L., Strauch in Ostasien, von Japan bis China.

Off.: Der knollige Wurzelstock (Rhiz. od. Tuber Chinae, Pocken- oder Grindwurzel): Riz. d. China, Span., Squina, Portug., China nodosa, Rumän.

Die Anwesenheit von Parillin wurde bestritten. Früher wurde die Droge gleich der Sarsaparilla bei Syphilis verwendet. Obsolet.

Smilax-Arten. Sträucher Zentralamerikas, Mexikos und Brasiliens. Botanisch bekannt sind bloß die Stammpflanzen einiger Sorten der Droge, so der Veracruz-Sarsaparilla: **Smilax medica** Schlecht. et Cham., einheimisch an der Ostküste von Mexiko, ferner **Smilax officinalis** Humb. Bonpl. Kth., Kolumbien und Zentralamerika, kultiviert in Jamaika, als Stammpflanze der Jamaika-Sarsaparilla, ebenso auch **Smilax ornata** Lem., Mexiko, die auch als Jamaika-Sarsaparilla angegeben wird. **Smilax papyracea** Duham., Guayana und Brasilien soll Stammpflanze der Para-Sarsaparilla sein. Die Stammpflanze der meist offizinellen Honduras-Sorte ist nicht bekannt.

Off.: Die Wurzel (Sarsaparilla): Rad. Sarsaparillae, Belg., Dänem., Deutschl., Finnl., Griech., Jap., Niederl., Norweg., Österr., Rußl., Schwd., Schwz., Ung., Sarsaparilla, Amer., Kroat., Serb., Sarsaparila, Rumän., Salsaparilla, Portug., Salsapariglia, Ital., Salsaparrilha, Portug., R. d. Zarzaparrilla, Span., Sarsae rad. (Jamaika-S.), Engl., Salsepareille de Mexique, Frankr. (Veracruz-S.).

Die Droge enthält die Glykoside (Saponine) Parillin (Smilacin), Smilasaponin und Sarsasaponin.

Sie ist ein altes Heilmittel bei Syphilis und wird heute noch bei dieser Krankheit als Diaphoretikum und Diuretikum im sog. Zittmannschen Dekokt oft verordnet.

Smilax aspera L., Halbstrauch. Mittelmeergebiet, Abyssinien, Ostindien.

Off.: Die Wurzeln: Salsaparrilha indigena, Portug. Obsolet.

Iridaceae.

Crocus sativus L., ♃., Safran. Alte Kulturpflanze von zweifelhafter Heimat (Orient?). Kulturen im Orient, Transkaukasien, Spanien, Frankreich, Südengland, Schweiz, Italien, Ungarn, höchst beschränkt in Niederösterreich, Nordamerika (Pensylvanien).

Off.: Die Blütennarbe: Crocus, Belg., Deutschl., Engl., Griech., Jap., Kroat., Rußl., Schwz., Serb., Stigmata (Stigma) Croci, Dänem., Finnl., Niederl., Norweg., Schwd., Ung., Flores Croci, Österr., Safran, Frankr., Rumän., Azafran, Span., Zafferano, Ital., Açafrão, Portug.

Die Droge enthält den glykosidischen Farbstoff Crocin (= Polychroit) und das Glykosid Picrocrocin, ein ätherisches Öl usw.

Medizinisch ist Crocus als Emmenagogum, Excitans etc. ganz obsolet. Pharmazeutisch wird er noch zu mehreren gangbaren Präparaten, teilweise wegen seines Geruchs und als Färbemittel verwendet. Beim Volke gilt er als Abortivum. Soll in größeren Gaben toxisch wirken. Als Gewürz und Färbemittel für Speisekonserven viel verwendet.

Iris germanica L., **Iris pallida** Lam., **Iris florentina** L., ♃., Schwertlilie. Mittelmeergebiet, Südeuropa bis Vorderindien, in Italien (bei Florenz und Verona, hauptsächlich Iris germanica) und Frankreich (bei Grasse, besonders Iris pallida) zur Gewinnung des Rhizoms kultiviert, beliebte Gartenpflanze.

Off.: Der geschälte Wurzelstock (Veilchenwurzel): Rhiz. Iridis, Belg., Dänem., Deutschl., Finnl., Griech., Niederl., Schwd., Schwz., Rußl., Ung., Rad. Iridis, Jap., Österr., Iris florentina, Rumän., Lirio, Portug., Lirio de Florencia, Span., Iride, Ital.

Das Rhizom enthält ein ätherisches Öl (Irisöl), darin das Iron, als hauptsächlichen Träger des Veilchengeruchs, neben einigen Aldehyden, einem Phenol etc. Ein Glykosid Iridin, Zucker, viel Stärke sind die quantitativ vorherrschenden Bestandteile. Man verwendet die Droge pharmazeutisch bloß wegen des Veilchengeruchs (zu Zahnpulvern und anderen kosmetischen Präparaten). In der Parfumindustrie spielt sie eine wichtige Rolle.

Reihe. Glumiflorae.

Gramineae.

Zea Mays L., ☉, Mais, Kukuruz, Türkischer Weizen. Nur als Kulturpflanze bekannt. Heimat das tropische Amerika. Die wichtigsten Kulturen in den tropischen und subtropischen Gebieten, doch auch in gemäßigten Zonen in Mitteleuropa und Nordamerika.

Off.: 1. Die Griffel (Maisgriffel, Styli oder Stigmata Maidis): Mais (stiles), Frankr., Zea, Amer., Milho, Portug., Estigm. d. maiz, Span.

Die Droge wurde als angeblich vorzügliches Heilmittel bei Blasen- und Nierenleiden, speziell Lithiasis, bei Gicht etc. von Frankreich und Amerika aus empfohlen. Chemisch wurde eine Säure (Mayzensäure?) und fettes Öl darin bestimmt.

2. Die Stärke (Maisstärke): Amylum, Amer., Belg., Engl.

Oryza sativa L., ☉, Reis. Einheimisch in Ostindien und dem tropischen Australien, eine Varietät auch in Afrika. Ausgedehnt kultiviert in Indien, dem malaiischen Archipel, China, Japan, Ägypten, Südeuropa, Nordamerika, Mexiko, Brasilien, Paraguay etc.

Off.: 1. Die Früchte (Reis): Riz. Frankr., Arroz (sem. et farinha), Portug.

2. Reisstärke: Amyl. Oryzae, Deutschl., Niederl., Österr., Schwz., Amylum, Engl., Belg., Riz, Frankr.

Anwendung als Streupulver etc.

Avena sativa L. (mit mehreren Rassen), ☉, Hafer. Alte Kulturpflanze Europas (nach Norden bis 69·5⁰), in Norwegen das wichtigste Getreide.

Off.: Die Früchte: Sem. Avenae, Griech.

Avena strigosa Schreb. (A. agraria Brot.), ☉, Rauchhafer mit den Varietäten **mutica** und **sesquialtera** Brot., seltener gebaut, besonders in Portugal, Spanien, auch ab und zu im nördlichen Deutschland.

Off. Die Früchte und ihr Mehl: Aveia (Caryopses et farinha), Portug.

Hafermehl ist häufig ein Bestandteil sogenannter Kraftnährmehle. In neuerer Zeit wird es medizinisch als Nahrungsmittel bei Diabetes verwendet.

Cynodon Dactylon (L.) Pers., ♃., Hundszahn. In allen wärmeren und gemäßigten Ländern.

Off.: Der Wurzelstock (Rad. Graminis des Südens): Grama, Portug.

Die Droge wird wie Rad. Graminis (s. Agropyrum repens) verwendet.

Arundo Donax L., ⚁., Italienisches Rohr. Mittelmeergebiet, dort und in Südamerika häufig kultiviert.

Off.: Der Wurzelstock: Riz. de caña (Rhiz. Arundinis), Span.

Im Südeuropa wird die Droge als Diuretikum verwendet, auch Volksmittel.

Agropyrum repens (L.) Beauv. (Triticum repens L.), ⚁., Quecke. Ackerunkraut. Europa und Asien, auch in Nord- und Südamerika.

Off.: Der Wurzelstock: Riz. Graminis, Schwz., Ung., Riz. d. grama, Span., Rad. Graminis, Belg., Griech., Österr., Gramen, Rumän., Triticum, Amer., Chiendent officinal, Frankr.

Die Droge enthält das Kohlehydrat Triticin, ein Vanillinglykosid, Zucker etc. und gilt als Diaphoretikum und Diuretikum. In diesem Sinne ein oft gebrauchtes Volksmittel.

Secale cereale L., ⚁., in der Kultur ☉, Roggen. Kulturpflanze bis 69·5° n. Br.

Off.: Die Früchte (Roggen, Korn) und das Mehl: Centeio (Caryopses è farinha), Portug.

Roggen- und Weizenmehl sowie Kleie werden oft zu breiigen, warmen — sogenannten erweichenden — Umschlägen (Kataplasmen) benützt.

Triticum sativum Lam. (Triticum vulgare Vill.), im erweiterten Sinne Sammelname für zahlreiche Rassen und Varietäten, ☉, Weizen. Nur als Kulturpflanze bekannt. Nordgrenze 69° n. Br.

Off. 1. Weizenmehl: Farine de blé, Frankr.

2. Weizenstärke: Amyl. Tritici, Dänem., Deutschl., Finnl., Kroat., Niederl., Norweg., Österr., Rußl., Schwd., Schwz., Serb., Ung., Amido di frumento, Ital., Amylum, Belg., Engl., Amil, Rumän., Amidon de blé, Frankr., Almidon, Span., Trigo-amido, Portug.

3. Weizenöl (empyreumatisches): Ol. d. trigo (Ol. Tritici), Portug.

Hordeum vulgare L. (Hordeum sativum Jessen), Sammelname für zahlreiche Varietäten (z. B. Hordeum hexastichon L. und Hord. distichon L.), ☉, Gerste. Kulturpflanze.

Off.: 1. Die entspelzte (geschälte) Frucht (Rollgerste, Gerstel, Hordeum perlatum): Fruct. Hordei decorticati, Niederl., Sem. Hordei, Griech., Orge perlé, Frankr., Cebada perlada, Span.

2. Gerstenfrüchte und Gerstenmehl: Cevada (Caryopses è farinha), Portug. (von H. hexastichon).

3. Nackte Gerstenfrüchte (von Hord. nudum Ard.): Cevada santa, Portug.

4. Gerstenmalz: Maltum, Amer.

Rollgerste wird — als Hausmittel und in der Volksmedizin — als schleimiges Mittel bei katarrhalischen Erkrankungen verwendet. Malz ist ein sehr beliebtes, leicht verdauliches Nährmittel — besonders als Malzextrakt — und wird gleichfalls als Demulcens bei Katarrhen angewendet. Malzkaffee, beliebtes Kaffeesurrogat.

Reihe. Scitamineae.
Musaceae.

Musa sp., ♃., Banane, Pisang. In den Tropen wild und kultiviert.
Off.: Das Blätterwachs: Cera foliorum (Cera Pisang), Niederl.

Zingiberaceae.

Curcuma longa L., ♃., Gelbwurz. Kulturpflanze in Südasien, Indien und Inseln, China. Wild nicht bekannt.
Off.: Der knollige Wurzelstock: Rhiz. Curcumae, Belg., Rhiz. Curcumae javanicae, Niederl., Rad. Curcumae, Griech., Curcuma, Frankr.
Der Wurzelstock enthält den gelben Farbstoff Curcumin (Curcumagelb), ein ätherisches Öl (Curcumaöl), Harz, Stärke. Anwendung: Wichtige Farbstoffdroge und Gewürz (Curry). Pharmazeutisch hauptsächlich als Färbemittel, doch selten verwendet.

Curcuma Zedoaria (Berg.) Rosc., ♃., Kulturpflanze in Indien. Ursprüngliche Heimat nicht bekannt.
Off.: Der Wurzelstock (Zittwerwurzel): Rhiz. Zedoariae, Deutschl., Griech., Schwz., Ung., Riz. d. zedoaria, Span., Rad. Zedoariae, Jap., Österr., Zedoaria, Kroat., Portug., Rumän., Serb., Zédoaire, Frankr.
Die Droge enthält ein ätherisches Öl, darin Cineol. Man verwendet sie pharmazeutisch als Aromatikum, besonders in Magenmitteln. Gewürz.

Alpinia officinarum Hanc., ♃., Wild auf Hainan. In China häufig kultiviert.
Off.: Der Wurzelstock (Kleine Galgantwurzel): Rhiz. Galangae, Dänem., Deutschl., Griech., Norweg., Rußl., Schwd., Schwz., Riz. d. galanga, Span., Galanga, Frankr., Portug., Rumän.
Der Wurzelstock enthält Galangin, Alpinin, Kämpferid und ein ätherisches Öl, darin Cineol etc. Ein ehemals sehr angesehenes Heilmittel (Karminativum), gegenwärtig hauptsächlich noch als aromatischer Zusatz zu karminativen und digestiven Heilmitteln.

Zingiber officinale Rosc., ♃., Ingwer. Kulturpflanze in Ostindien und von dort durch die ganzen Tropen verbreitet (z. B. Westindien. Jamaika, Barbados etc.).
Off.: Der Wurzelstock (Ingwer, geschält, halbgeschält und ungeschält im Handel): Rhiz. Zingiberis, Belg., Dänem., Deutschl., Finnl., Niederl., Norweg., Rußl., Schwd., Schwz., Ung., Riz. d. jengibre, Span., Rad. Zingiberis, Jap., Österr., Rhiz. Gingiberis, Griech., Zingiber, Amer., Engl., Kroat., Rumän., Gingembre, Frankr., Gengibre, Portug., Zenzero, Ital.

Die Droge enthält das scharfaromatische Gingerol, Harze, ätherisches Öl, darin Zingiberen, Phellandren, Cineol, Borneol, Citral etc. Man verwendet sie pharmazeutisch als Zusatz zu aromatischen, digestiven und karminativen Präparaten. Wichtiges Gewürz, auch eingemacht und kandiert.

Elettaria Cardamomum Mat., ♃.. Wild an der Malabarküste Vorderindiens, dort und in Ceylon auch kultiviert.

Off.: 1. Die Früchte (Malabarkardamomen): Fruct. Cardamomi, Dänem., Deutschl., Finnl., Griech., Jap., Niederl., Norweg., Österr., Schwd., Schwz., Ung., Fruct. Cardamomi minoris, Rußl., Cardamomum, Amer., Kroat., Portug., Serb.

2. Die Samen: Cardamomi sem., Engl.

Bloß die Samen sind aromatisch. Sie enthalten ein ätherisches Öl (Kardamomöl), darin Cineol, d-Terpineol, Terpinhydrat usw. Verwendung als Gewürz, pharmazeutisch als Zusatz zu digestiven Heilmitteln.

Anmerkung: Griechenland führt auch Semen Amomi als offizinell an. Da keine Stammpflanze angegeben ist und im Handel unter diesen Namen verschiedene Drogen gehen, läßt sich nicht angeben, welche mit diesem Namen gemeint ist.

Marantaceae.

Maranta arundinacea L., ♃., Arowroot, Pfeilwurz. Einheimisch im tropischen Amerika, in den Tropen (besonders auf den Bermudainseln, in Natal, Brasilien, Indien) kultiviert.

Off.: Die Stärke aus Wurzelstock und Ausläufern (Westindisches Arowroot): Amyl. Marantae, Dänem., Niederl., Amylum, Belg., Araruta, Portug.

Arowroot ist als Nahrungsmittel für Kinder, Schwerkranke usw. von Bedeutung und viel im Gebrauch. (Unter dem Namen „Arowroot" gehen übrigens noch die Stärkemehle verschiedener tropischer Gewächse, z. B. Brasilianisches Ar. oder Maniok v. Manihot utilissima Pohl, Euphorbiaceae (s. d.), Ostindisches A. von Curcuma angustifolia Roxb., Zingiberaceae, Queensland A. von Canna edulis Edw., Cannaceae usw.).

Reihe. Gynandrae.

Orchidaceae.

Cypripedium reginae Walt. (C. hirsutum Mill.) und **Cypripedium parviflorum** Salisb., ♃., Amerikanischer Frauenschuh, Lady's slipper. Nordamerika, Kanada.

Off.: Der Wurzelstock mit den Wurzeln: Cypripedium, Amer.

Bestandteile: Ein flüchtiges Öl, Harz, ein Glykosid, Stärke etc. Die Droge wird als Nervinum, ähnlich der Valeriana verwendet. In Europa nicht gebräuchlich.

Arten der Gattungen **Orchis, Ophrys, Gymnadenia, Platanthera** (Orchidaceae, Ophrydinae), ♃.. Mitteleuropa bis Kleinasien. Speziell werden in der Literatur als die häufigsten erwähnt: **Orchis Morio** L., Europa, westliches Asien, **Orchis militaris** L., von Europa durch Rußland bis Sibirien, **Orchis purpurea** Huds., Mittel- und Südeuropa, **Orchis ustulata** L., Europa bis zum Ural, **Orchis mascula** L., Europa bis zum Ural, ebenso **Orchis incarnata** L., **Orchis maculata** L., ganz Europa bis Sibirien, **Orchis coriophora** L., Europa, **Orchis latifolia** L., von Europa bis Kamtschatka usw., sowie mehrere Arten in Thessalien, Mazedonien, Griechenland, Kleinasien, Persien, Algier und Indien, ferner **Anacamptis pyramidalis** (L.) Rich., in Europa und Nordafrika, **Gymnadenia conopea** (L.) R. Br., Europa, Sibirien, **Ophrys arachnites** Murr., **Ophrys aranifera** Huds., West- und Südeuropa, **Platanthera bifolia** Rich., Europa bis Kamtschatka. Die Medizinaldroge kommt hauptsächlich aus dem Orient (levantinischer Salep, und aus Deutschland — deutscher Salep).

Off.: Die Tochterknollen (Salep): Tub. Salep, Belg., Deutschl., Finnl., Niederl., Norweg., Rußl., Schwd., Schwz., Ung., Rad. Salep, Griech., Jap., Österr., Salep, Kroat., Ital., Rumän., Serb., Salepe, Portug.

Die Droge enthält hauptsächlich Schleim und Stärke und wird als Mucilaginosum, Demulcens, sowie als Nährmittel verordnet. Im Orient bereitet man daraus ein erfrischendes Getränk. Die Droge gilt beim Volke als Aphrodisiakum (infolge der hodenartigen Form der Knollen an der Pflanze). Technisch dient Salepschleim als Klebemittel.

Vanilla planifolia Andr., Schlingstrauch, einheimisch im östlichen Mexiko. In den Tropenländern kultiviert, besonders in Mexiko, Westindien, auf Java, Ceylon, Réunion, Mauritius, Madagaskar, den Komoren, den Seychellen und Tahiti.

Off.: Die unreifen, fermentierten Früchte (Vanille): Fruct. Vanillae, Belg., Finnl., Griech., Jap., Österr., Schwz., Vanilla, Amer., Vanilia, Rumän., Vanille, Frankr., Baumilha, Portug.

Wichtigster Bestandteil Vanillin — ein aromatischer Aldehyd, ursprünglich in glykosidischer Bindung, die durch ein Enzym während der Fermentation gespalten wird. Manchmal auch Piperonal und ein ätherisches Öl, darin Anisalkohol und Anisaldehyd. Die Vanille wird pharmazeutisch ausschließlich als Riechstoff verwendet, so auch im Haushalte und technisch in der Parfüm- und Likörindustrie. Man stellt Vanillin auch synthetisch dar.

Reihe. Spadiciflorae.

Palmae.

Phoenix dactylifera L., Baum, Dattelpalme. Nordafrika und Kanaren bis Indien. In vielen Rassen kultiviert, besonders in der Sahara, Algier, Marokko, Arabien.

Off.: Die Früchte (Datteln): Tamaras (Dactyli vel Caryotae), Portug. Ihr Hauptwert als Nahrungsmittel beruht auf dem hohen Zuckergehalt. Sie sind in ihrer Heimat das wichtigste Nahrungsmittel. Medizinisch sind sie ohne Bedeutung.

Serenaea serrulata (Roem. et Schult.) Hook. fil. Eine Buschpalme. Florida, Süd-Karolina.

Off.: Die Beerenfrüchte: Sabal, Amer.

Sie enthalten ein ätherisches Öl und fettes Öl, Harz, Glykose und möglicherweise ein Alkaloid. Sie sollen diuretisch und als sexuelles Stimulans wirken. In Europa sind sie nicht gebräuchlich.

Copernicia cerifera Mart., Baum, Karnaubapalme. Brasilien.

Off.: Das Blätterwachs (Karnaubawachs): Cera Carnauba, s. Cera foliorum, Niederl.

Hauptbestandteil Cerotinsäuremyricilester. Anwendung wie Bienenwachs. Pharmazeutisch zu Ceraten etc.

Metroxylon Rhumphii Mart. (Sagus Rumphii Willd.) und **Metroxylon laeve** Mart. (Sagus laevis Jack., Metrox. Sagus Rottb.), Bäume, Sagopalmen. Sundainseln und Molukken, Wälder bildend und kultiviert.

Off.: Stärkemehl aus dem Mark des Stammes (Sago des Handels): Sagu (Amyl. Sagi), Portug.

Sago ist in seiner Heimat eines der wichtigsten Nahrungsmittel und auch bei uns geschätzt.

Calamus Draco Willd. (Daemonorops Draco Blum.), Kletterpalme, Rotang. Ostindien und Indischer Archipel.

Off.: Das Harz aus dem Fruchtfleisch (Drachenblut, Sanguis Draconis): Resina de drago, Span., Sangue de drago, Portug., Sangdragon, Rumän.

Die Droge enthält Ester des Harzalkohols Dracoresinotannol mit Benzoësäure und Benzoylessigsäure, welche hauptsächlich das rote Harz bilden, daneben ein weißes Harz (Dracoalban) und gelbes Dracoresen. Drachenblut war ehemals ein geschätztes Adstringens, gegenwärtig ist es obsolet. Technisch zu Firnissen, Holzbeizen etc.

Areca Catechu L., Baum, Betelpalme. Indomalaiisches Gebiet, häufig kultiviert.

Off.: Die Samen (Betelnüsse): Sem. Arecae, Deutschl., Schwz.

Die Samen enthalten das (toxische) Alkaloid Arecolin und andere Alkaloide wie Arecaidin, Arecain, Cholin, fettes und ätherisches Öl usw. In ihrer Heimat werden die Samen als Genußmittel gekaut und sind dort von außerordentlicher Bedeutung. In Europa wurden sie, bezw. daraus gewonnene Produkte als Wurmmittel empfohlen und werden so veterinär angewendet.

Elaeïs guineensis Jacq., Baum, Ölpalme. Einheimisch im tropischen Westafrika (Meerbusen von Guinea und sein Hinterland), wahrscheinlich aber auch Südamerika (wild in Brasilien, Guayana), häufig kultiviert, besonders in Afrika.

Off.: Das fette Öl der Samen (Palmöl): Ol. d. palma (Ol. Elaeïs), Portug.

Das Fett ist technisch von zunehmender Bedeutung als Maschinenöl etc. Es enthält die Glyzeride mehrerer Fettsäuren, vorwiegend der Palmitin- und Ölsäure.

Cocos nucifera L., Baum, Kokospalme. Küstengebiet der Tropen, durch Kultur sehr verbreitet.

Off.: Das Samenfett (Kopra, Kokosfett): Oleum Cocos, Niederl., Manteca de coco, Span.

Das Fett enthält zahlreiche Fettsäureglyzeride, vorwiegend Laurin und Myristin. Die pharmazeutische Verwendung (zu Salben etc.) ist gering. Technisch und als Rohstoff für Nahrungsfette ist es von großer Bedeutung.

Araceae.

Acorus Calamus L., ♃., Kalmus. Nördl. Hemisphäre, Mittel- und Osteuropa, Sibirien, Außertropisches und tropisches Ostasien, Ostindien, Réunion, Atlantisches Nordamerika, auch kultiviert (Deutschland, Ungarn).

Off.: 1. Der Wurzelstock (Kalmuswurzel): Rhiz. Calami, Deutschl., Niederl., Norweg., Rußl., Schwd., Schwz., Ung., Rad. Calami aromatici, Griech., Österr., Calamus, Amer., Kroat., Serb., Acoro (Acorus), Span., Calamo aromatico, Ital., Portug., Calam aromatic, Rumän.

Hauptbestandteil ein ätherisches Öl (Ol. Calami, s. u.!) und der glykosidische Bitterstoff Acorin.

2. Das ätherische Öl des Wurzelstocks (Kalmusöl): Ol. Calami, Deutschl.

Das Öl enthält vorwiegend Asaron, ferner Eugenol, Asarylaldehyd (riechender Bestandteil) usw.

Die Kalmuswurzel wird hauptsächlich als aromatisches Bittermittel verwendet. Sie ist auch wichtig in der Likörindustrie, kandiert in der Konditorei etc.

Dracunculus major Gars. (Dracunculus vulgaris Schott, Arum Dracunculus L.) und andere Aroideen. Mittelmeergebiet. ♃.

Off.: Die Stärke aus dem Wurzelstock: Amido da serpentina (Amylum Ari), Portug.

Die Droge hat gegenwärtig keine Bedeutung mehr.

Anhang.

Drogen unbestimmter oder verschiedenartiger Herkunft.

Kautschuk. Handelsware ist der eingetrocknete Milchsaft verschiedener Bäume der Tropen (vgl. Euphorbiaceae, Moraceae, Apocynaceae, Asclepiadaceae).

Off.: **Gummi elasticum**, Griech., Niederl., **Cautschuc**, Deutschl., Engl., Jap., Schwed., Schwz., **Resina elastica (depurata)**, Dänem., Österr., Ung., **Caucho**, Span., **Caoutchouc**, Frankr., **Elastica**, Amer. (In Belg. bloß als Bestandteil des **Sparadrap cum Cautchouc** angeführt.)

Der Hauptbestandteil ist ein Kohlenwasserstoff (1—5 Dimethylcyklooktadien), der in neuester Zeit aus dem Isopren synthetisch dargestellt wurde. Nebenbestandteile sind Harze, die aber die Güte des Kautschuks beeinträchtigen. Pharmazeutisch wird Kautschuk nur zur Herstellung von Kautschukpflaster und Verbandstoffen (Mosetig-Battist etc.) verwendet. Technisch ist Kautschuk von sehr großer Bedeutung (Vulkanisierter Kautschuk, Hartgummi, Ebonit etc.).

Kohle: 1. **Carbo ligni** (pulverat., depurat. etc.), Amer., Belg., Deutschl., Engl., Kroat., Niederl., Österr., Schwz., Serb., Ruß., **Charbon végétal officinal**, Frankr., **Carbon vegetal medicinal**, Span.; 2. **Kienruß**: **Suie de bois preparée** (Fuligo lign. dep.), Frankr., **Hollin**, Span.

Man benützt Kohle medizinisch als Desodorans, bei Meteorismus, zu aseptischen Streupulvern, zu Zahnpulvern etc.

Verzeichnis der Abkürzungen.

⊙, ⊙⊙ = einjährige, zweijährige Pflanze.
♃ = ausdauernde Pflanze.
† = starkwirkend (giftig).
Ac. = Aceite (Span.).
Acid. = Acidum.
Ätherol. = Ätheroleum.
Amyl. = Amylum.
Bals. = Balsamum.
Caul. = Caules.
Cort. = Cortex, Corteza (Span.).
d. = de (Frankr., Portug., Span.), di (Ital.).
Éc. = écorce (Frankr.).
Ess. = Essentia (Belg., Portug.), Essenza (Ital.), Essencia (Span.), Essence (Frankr.).
Fl. = Flos oder Flores, Flor (Span.), fleur (Frankr.).
Fol. = Folia oder Folium.
Folh. = Folhas (Span.).
Fruct. = Fructus.
Frut. = Fruto (Span.).
Gummires. = Gummiresina.
H. d. = Hoja de (Span.).
Herb. = Herba.
Lign. = Lignum.
off. = offizinell.
Ol. = Oleum, Olio (Ital.), Oleo (Portug.), Oleu (Rumän.).
Pyrol. = Pyroleum.
R. = Raiz (Span., Portug.).
Rad. = Radix.
Res. = Resina, Resine (Frankr.).
Riz. = Rizoma (Span.).
Rhiz. = Rhizoma.
s.! = siehe!
s. d.! = siehe dies!
s. u.! = siehe unten!
Sem. = Semen oder Semina, Semilla (Span.), Sementes (Portug.), Seminte (Rumän.).
Stigm. = Stigma oder Stigmata.
Stip. = Stipes oder Stipites.
Summit. = Summitas oder Summitates.
Tub. = Tuber oder Tubera.
vergl. = vergleiche!

Alphabetisches Sachregister.

Die Drogen sind unter dem Eigennamen der Droge aufzusuchen (also z. B. Rad. Belladonnae unter Belladonna, nicht unter dem Stichwort Radix). Stimmt der Drogenname mit dem Gattungsnamen der Stammpflanze überein, so ist er nicht separat angeführt (z. B. Rhiz. Arnicae fällt unter Arnica montana). Ebenso sind die Drogennamen der romanischen Sprachen, wenn sie sich von dem dazugehörigen lateinischen Drogennamen nur unwesentlich unterscheiden, nicht besonders berücksichtigt.

Eine Spezialisierung der Drogen als „Cort., Fol., Flor., Rad., Ol." etc. findet nur in besonderen Fällen statt, wo Mißverständnisse möglich sind. Ä, Ö, Ü sind wie A, O, U im Alphabet eingereiht.

Abies alba 9, A. balsamea 9, A. excelsa 10, A. pectinata 9.
Abietaceae 7.
Abietinsäure 8.
Abrin 58.
Abrotanin 97.
Abrotano 97.
Abrus precatorius 58.
Absynthiin 98.
Absynthium etc. 98.
Acacia 52, A. arabica 52, A. Catechu 53, Ehrenbergiana 52, A. senegal 52, A. Seyal var. fistula 52, A. stenocarpa 52, A. Suma 53, A. Verek 52, A. verugera 52.
Açafrão 105.
Acajou 43.
Acanthaceae 75.
Acetovanillon 85.
Ache de marrain 63.
Achilea 96, Achillea Millefolium 96.
Achileïn 96.
Acibar 102.
Acid. agaricinicum 4.
Aconin 27, Aconitin 27, Aconitsäure 26, 96.
Aconitum Napellus 27.
Acorin 112.
Acorus Calamus 112.
Actaea racemosa 26.
Adiantum Capillus Veneris 5.
Adonide 27.
Adonidin 27.
Adonis aestivalis 27, A. autumnalis 27, A. Cupaniana 27, A. microcarpa 27, A vernalis 27.
Adormidera 28.

Adragantha, Adragante 56.
Aegle Marmelos 39.
Aeskulase 45, Aeskulin 45.
Aesculus Hippocastanum 45.
Agalla 11.
Agar-Agar 1, 2.
Agaric blanc 4, Agarico bianco 4, A. blanco 4, A. branco 4, Agarico dos carvalhos 3.
Agaricin 4.
Agaricus albus 4.
Agathis australis 7, A. Dammara 8, A. loranthifolia 8.
Agathodes Chirayta 84.
Agrião 31.
Agrimonia Eupatorium 49.
Agropyrum repens 107.
Ajenjo 98.
Aipo 63.
Akonitsäure, s. Aconitsäure.
Alamo negro yema d. 12.
Alant 95.
Alantkampfer 95. Alantolacton 95, Alanton 95, Alantsäure 95.
Alban 68, 69.
Alcaravia 63.
Alcatrão 9.
Alecrim 76.
Aleppogallen 11.
Alexandrinische Senna 54.
Alface virosa 100.
Alfazema 76.
Alforvas 56.
Alga de Corsega 2, A. perlada 2.
Algodeiro 35.
Algodón 35.

8*

Alisma Plantago 100, A. Plantago var. minus 100.
Alismataceae 100.
Alizarin 90.
Alkékenge 72.
Allantoin 70.
Allium Cepa 103, A. sativum var. ophioscorodon 103, A. sat. var. vulgare 103.
Allyl-Propyldisulfid 103, Allylsenföl 30, 31.
Almaciga 44.
Almendra 51.
Almidon 107.
Aloë africana 102, A. barbadensis 102, A. ferox 102, A. hepatica 102, A. lucida 102, A. Perryi 102, A. succotrina 102, A. vera 102, A. vera var. chinensis 102, A. vulgaris 102.
Aloë-Emodin 102, Aloëharz 103, Aloëresinotannol 103.
Aloin 103, Aloinose 103.
Aloysia citriodora 75.
Alpenveilchen 67.
Alpinia officinarum 108.
Alpinin 108.
Alsidium Helminthochorton 2.
Alsophila 6.
Altaea (Altea) 34, Althaea officinalis 34.
Alyxia stellata 85.
Amadou 3.
Amande 51.
Amapola 29.
Amaracus Dictamnus 79.
Amaranthus 96.
Ambar ol. d. 10.
Ameisensäure 47.
Ameixas passadas 50.
Amendoas 51.
Amendorim ol. 57.
Amido da serpentina 112.
Amieiro negro 46.
Amil 107.
Amomi sem. 59, 109.
Amoniaco 66.
Ammoniacum etc. 66, Ammoniaque gomme 66.
Ammoresinotannol 66.
Amygdala 51, Amigdalele 51.
Amygdalin 50, 51, 52.
Amygdalus amarus 51, A. communis 51, A. Persica 51.
Amylum 72, 107, 109, A. Katakuri 103, A. Kuzu 58.
Amyrin 42.
Amyris gileadensis 43, A. Opobalsamum 43.
Anacamptis pyramidalis 110.
Anacardiaceae 43.
Anacardium occidentale 43.
Anacardsäure 43.
Anacyclus aureus 96, A. officinarum 95, A. Pyrethrum 95, A. radiatus 96.
Anagallis aquatica 74.

Anamirta Cocculus 24, A. paniculata 24.
Anason 63, A. stellat 20.
Anchusa italica 71, A. officinalis 71.
Andira Araroba 58.
Andorn 77
Androl 64.
Anemone pratensis 27, A. Pulsatilla 27.
Anemonenkampfer 27, Anemonin 27, Anemonsäure 27.
Anethol 20, 64.
Anethum graveolens 64.
Angelica Archangelica 65.
Angelicin 65, Angelikasäure 65, 95.
Angelim amargoso 58.
Angélique 65.
Angiospermae 10.
Angostura-Rinde 38, 39.
Anguriae sem. 93.
Anice 63, A. stellato 20.
Anis 63, A. vert 63.
Anisaldehyd 110, Anisalkohol 110.
Anisum stellatum 20.
Anisum vulgare 63.
Aniz 63, A. estrellado 20.
Antennaria dioica 95.
Anthemis nobilis 95.
Anthemol 95.
Anthophyta 6.
Anthrachinone 102, Anthraglukosennin 54, Anthraglukoside 14, 102.
Anthriscus Cerefolium 62.
Antimellin 60.
Apfel 50.
Apfelsäure 25, 48, 50, 51, 52, 53, 67, 91.
Apfelsine 40.
Apiin 63.
Apium graveolens 63, A. gr. var. lusitanica 63.
Apocynaceae 85.
Apocynamarin 85, Apocynin 85, Apocyneïn 85.
Apocynum androsaemifolium 58, A. cannabinum 85.
Appio palustre 63.
Aprikose 50.
Aquifoliaceae 45.
Aquillaria Agallocha 103.
Arabin 53, 56.
Arabinose 103.
Araceae 112.
Arachinsäure 45.
Arachis hypogaea 57
Araliaceae 62.
Arancio 39, 40.
Arando 67.
Araroba 58.
Araruta 109.
Arbor vitae 6.
Arbutin 67.
Arbutus Uva ursi 67.
Archangelica officinalis 65
Archegoniatae 4.
Archicoria 99.

Arctium Lappa 99, A. tomentosum 99.
Arctostaphylos officinalis 67, A. Uva ursi 67.
Areca Catechu 111.
Arecaidin 111, Arecain 111.
Arecolin 111.
Arenaria 19, A. roja 19, A. rubra 19, A. r. α-campestris 19.
Ari Amylum 112.
Aristolochia longa 24, A. reticulata 24, A. Serpentaria 24.
Aristolochiaceae 24.
Aristolochin 24.
Armoise commun 97.
Armoracia rusticana 31.
Arnica montana 98.
Arnicin 98.
Arowroot 18, 109.
Arrayán 59.
Arroz 106.
Arruda 38.
Artanita 67.
Artemisia Abrotanum 97, A. Absynthium 98, A. Cina 97, A. maritima var. Steckmanniana 97, A. maritima var. pauciflora 97, A. mollis 97, A. pauciflora 97, A. vulgaris 97.
Arthanita 67.
Arthante elongata 15.
Arum Dracunculus 112.
Arundo Donax 107.
Arveiro 44.
Asa foetida 64.
Asagraea officinalis 101.
Asant 64.
Asaresinotannol 64.
Asaron 24, 112.
Asarum europaeum 24.
Asarylaldehyd 112.
Asclepiadaceae 86.
Asclepiade 86.
Asclepiadin 86.
Asclepias Vincetoxicum 86.
Asclepin 86.
Ascolichenes 4.
Ascomycetes 2.
Asparagin 34, 63, 70, 99, 104.
Asparagoideae 104.
Asparagus officinalis 104.
Asperge 104.
Asphodeloideae 102.
Asphodelus ramosus 102.
Aspidium Filix mas 5.
Aspidosamin 85.
Aspidosperma Quebracho blanco 85.
Aspidospermatin 85, Aspidospermin 85.
Assacu 18.
Assa fetida 64.
Assenzio 98.
Astragalus ascendens 56, A. brachycalyx 56, A. gummifer 56, A. kurdicus 56, A. leioclados 56, A. microcepha-

lus 56, A. pycnocladus 56, A. stromatodes 56.
Athanasia 96.
Atropa Belladonna 71.
Atropin 71, 72, 73.
Aucubin 82.
Aurantiamarin 39.
Aurantium 39, 40.
Aureliana canadensis 62.
Autobasidiomycetes 3.
Aveia 106.
Avena agraria 106, A. sativa 106, A. strigosa var. mutica u. sesquialtera 106.
Avenca 6.
Azabar 40.
Azafran 105.
Azeite d. commercio 87, A. virgem 87.
Azufeifa 46.
Azulen 96.

Bachbunge 74.
Badian 20, Badiane d. Chine 20.
Balata 68, 69.
Baldrian 91.
Ballota lanata 77.
Balsamodendron africanum 43, B. gileadense 43, B. Myrrha 42, B. Opobalsamum 43.
Banane 108.
Barbaloin 102, 103.
Barbatimão 52.
Bardana 99.
Bärentraube 67.
Bärlappsamen 4.
Barosma betulinum 38, B. crenulatum 38, B. serratifolium 38.
Basidiomycetes 3.
Bassorin 56.
Batata 72.
Bauerntabak 73.
Baume du Perou 55.
Baumwolle 34, Baumwollsaatöl 35.
Bdellium, afrikanisches 43.
Bebeerin 23, 25.
Bebeeru, Beberu 23, 25.
Beccabunga 74.
Beifuß 97.
Beinwell 70.
Bela 39.
Belladonna (Beladona) 71.
Beleño 72.
Benjoim 68.
Benjui 68.
Benzaldehyd 51. 52.
Benzaldehydcyanhydrin 51.
Benzoë 68.
Benzoin(o) 68.
Benzoësäure 55, 63, 111, Benzoësäurebenzylester 55.
Benzoresinol 68.
Benzoylessigsäure 111.
Benzylalkohol 55, Benzylsenföl 29.
Berberidaceae 25.

Berberin 25, 26, 37.
Berberis Aquifolium 25, B. vulgaris 25.
Berberitze 25.
Bergamotte 40, Bergamotteöl 40.
Bergmajoran 79, Bergthymian 79.
Bernstein 10.
Berros 31.
Bertholletia excelsa 59, B. nobilis 59.
Bertram römischer 95.
Berufskraut 94.
Besenginster 56.
Betainhydrat 71.
Betelnüsse 111, Betelpalme 111.
Bétoine 77.
Betonica officinalis 77.
Betonie 77.
Betula lenta 10, B. pendula 10, B. pubescens 10, B. tomentosa 10, B. verrucosa 10.
Betulaceae 10.
Bezoarwurzel 12.
Bibernell 64.
Bibirin 23, 25.
Bibiru 22, 25.
Bicornes 67.
Bidens pilosa 95.
Bierhefe 2.
Bigaradier 39.
Biloa 39.
Bilsenkraut 72.
Bingelkraut 17.
Bistorta 15, Bistorte 15.
Bitterholz 41, Bitterklee 84, Bittermandelöl 50, 51, Bittermandelwasser 51, Bittersüß 73.
Bixa Orellana 31.
Blackberry 48.
Blankenheimertee 77.
Blauholz 55.
Blausäure 45, 51, 52.
Blé 107.
Bloodroot 27.
Blue gum-tree 60.
Blumea balsamifera 94.
Blutwurzel 27, 48.
Bocksdorn 71.
Bockshornklee 56.
Bodelha 1.
Bohnenkraut 78.
Boldo 21.
Boraginaceae 70.
Borago officinalis 70.
Boretsch 70.
Borneol 10, 24, 76, 78, 79, 80, 92, 94, 96, 109.
Borneotalg 34.
Bornylacetat 9, 76.
Borragem 70.
Borraja 70.
Boswellia Bhau Dajiana 42, B. Carterii 42, B. Frereana 42.
Boswellinsäure 42.
Bouillon blanc 74.

Bourdaine 46.
Bourrache 70.
Brassica alba 30, B. Besseriana 31, B. campestris 30, B. juncea 30, 31, B. nigra 30, B. Napus var. annua 30, var. oleifera 30, B. Rapa var. annua. 30, var. oleifera 30.
Brayera anthelminthica 49.
Brea d. pino 9.
Brechnuß 83, Brechwurzel 90.
Brionia 92.
Brom 1.
Brombeere 48.
Brosimum 12.
Brucamarin 41.
Brucea sumatrana 41.
Bruchkraut 20.
Brucin 83.
Brunnenkresse 31.
Bruscus 104.
Bryonia alba 92, B. dioica 92.
Bryonidin 92, Bryonin 92.
Bucco 38, Buccokampfer 38.
Buceras 56.
Buche 10, Buchenteer 10.
Bucho 38, Buchu 38.
Buglossa 71, Buglossum italicum 71.
Buranhem cort. 68.
Burgunderpech 8, 10.
Bursera excelsa 42, B. tomentosa 42.
Burseraceae 42.
Buschpalme 111.
Busserole 67.
Butua 25.
n-Butylalkohol 95.
d-Butylsenföl 29.
Buxaceae 18.
Buxin 19, 23.
Buxo 19.
Buxus sempervirens var. arborescens und var. suffruticosa 18.

C siehe auch K und Z.
Cacao 35, Cacaotina massa 35.
Cachenlaguen 84.
Cachou de Pégu 53.
Cadinen 7, 9.
Caesalpinioideae 53.
Cahinca 89.
Cajennepfeffer 72.
Cajeput(Cajuput-)öl 61.
Cainca 89.
Caincasäure 89, Caincin 89.
Cajú 43.
Calabar, faba, haba, sem. etc. 58.
Calabarino 58.
Calabazza 93.
Calament 78.
Calamintha officinalis 78.
Calaminthon 79.
Calamus aromaticus 112, C. Draco 111.
Calcatrippa 26.
Calcatrippin 26.

Calendula officinalis 98.
Calendulin 98.
Caliaturholz 57.
Calicocca Ipecacuanha 90.
Callitris quadrivalvis 6.
Callitrolsäure 6.
Calumba 24.
Cambogia 33.
Cambroeira 71.
Camedrios 76.
Camfor 22.
Camomilla commune 96, C. romana 95.
Campecheholz 55, Campecheanum lignum 55, Campesiu 55.
Camphen 8, 21, 92.
Camphora 22, Camphre d. Japon 22.
Caña riz. 107.
Canada fleabane 94.
Canadian hemp 85.
Canadin 26.
Canape indica 13.
Canarium commune 42.
Canchalagua 84, Canchalaguen 84.
Canella 22, C. alba 21, C. branca 21, C. d. la China 22, C. d. Ceylan 22.
Canellaceae 21.
Canepa 13.
Canfora 22.
Canhamo indiano 13, C. europ. 13.
Canna edulis 109, C. fistula 54.
Cannabin 13, Cannabindon 13, Cannabinol 13.
Cannabinaceae 12.
Cannabis indica 13, C. sativa 13.
Cantuesco 77.
Capillaria 6, Capillaire de Canada 6,
Capilli Veneris fol. und herb. 5.
Capnon 29.
Caprinsäure 96.
Caprifoliaceae 90.
Capsaicin 72.
Capsicum annuum 72, C. fastigiatum 72, C. frutescens 72, C. longum 72, C. minimum 72
Carageo fuco 2.
Carbo ligni 113.
Carbon vegetal 113.
Cardaminum Nasturtium 31.
Cardamomöl 32.
Cardamomum 109.
Cardo santo 99.
Cardol 43.
Carduus benedictus 99.
Caricae fruct. 12.
Cariofile 60.
Carotae rad. 66, Caroten 66, Carotin 66, 85.
Carragaen 2, Carragaheen 2, Carrageen 2.
Carragenin 2.
Carum Carvi 63, C. Petroselinum 63.
Carvacrol, 78, 79, 80.
Carvalho 11.
Carvon(um) 63, 65, 81.

Caryinum ol. 11.
Caryophyllaceae 19.
Caryophyllata 48.
Caryophyllen 53, 60.
Caryophyllus aromaticus 60.
Caryotae 111.
Cascara sagrada 46.
Cascarila 17, Cascarilla 16.
Cascarillin 17.
Cassave 18.
Cassia acutifolia 54, C. angustifolia 54, C. obovata 54.
Cassia 54, C. fistula 53.
Castaneae brasiliensis nux 59.
Castanha do Maranhão 59, C. da India 45, Castanheiro da India 45.
Castilloa 12.
Castoröl 17.
Catechin 89, s. auch Katechin.
Catechu 53, 89, C. pallidum 89, Catechugerbsäure 53, 89, Catechusäure 53, 89, Catecú 53.
Cato 53.
Caucho 113.
Cautschuc (Caoutchouc) 113.
Cebada perlada 107.
Cebadilla 101.
Cecropia 12.
Cedro 40.
Celastraceae 45, Celastrales 45.
Cenoura 66.
Centaura menor 83, C. mica 83, Centaurea minore 83, Centaurée petite 83.
Centaurin 99.
Centaurium majus 84, C. minus 83, C. chilense 84.
Centeio 107.
Centrospermae 19.
Cephaëlin 90.
Cephaëlis acuminata 90, C. Ipecacuanha 90.
Cera Carnauba 111, C. foliorum 108, 111, C. Pisang 108.
Cerasus caproniana 51, C. Juliana 51.
Cerefolho 62.
Cerejas pretas 52.
Cerise noire 52, C. rouge 51.
Cerotinsäuremyriciläther 111.
Cetraria islandica 4.
Cetrarin 4, Cetrarsäure 4.
Cevada 107, C. santa 107.
Cevadilla 101, Cévadille 101.
Cevadillin 101, Cevadin 101.
Ceylonzimt 22.
Chá 33.
Chamedryos herb. 76.
Chamomilla 95, 96, 97, Ch. romana 95, Ch. vulgaris 96.
Charas 13.
Charbon végétal 113.
Chaulmoogra 32.
Chavica officinarum 15.
Cheiranthin 31, Cheirinin 31.

— 120 —

Cheiranthus cheiri 31.
Cheirolin 31, Cheirus 31.
Chelerythrin 27, 28.
Chelidonia 28, Chelidonin 28.
Chelidonium majus 28.
Chêne 11.
Chenopodiaceae 19.
Chenopodium ambrosioides 19, Ch. anthelminticum 19.
Cherry 52.
Chicorea 99.
Chicorée sauvage 99.
Chiendent officinal 107.
Chimaphila umbellata 67.
Chimaphilin 67.
Chimeon 63.
Chinabäume 88, Chinarinde 88, China cenuşie 89, Ch. flava 88, 89, Ch. fusca 89, Ch. galabena 89, Ch. gialla 89, Ch. nodosa 104, Ch. rosie 89, Ch. rossa 89, Ch. rubra 88, 89, Ch. succirubra 89.
Chinae Rhiz. od. Tub. 104.
Chinasäure 89, Chinagerbsäure 89, Chinarot 89.
Chinidin 89, Chinin 89.
Chinon 75.
Chinovasäure 48, Chinovin 89.
Chiococca racemosa 89.
Chirata 84, Chirayta 84.
Chiratin 84, Chiratogenin 84.
Chironia chilensis 84.
Chlorogensäure 90.
Chocolata 35, Chocolate 35.
Cholin 56, 86, 91, 111.
Chondrodendron platyphyllum 25, Ch. tomentosum 25.
Chondrus crispus 2.
Choripetale 10.
Choupo renovos 12, ram. desfolh. 12.
Chrysanthemum Balsamita 97, Ch. vulgare 96.
Chrysarobin 58.
Chrysinsäure 12.
Chrysophaneïn 14, Chrysophanol 14, 46, Chrysophansäure 14, 75, 46.
Chrysophyllum glycyphloeum 68.
Churus 13.
Cibotium Barometz 6.
Cichorium Endivia 99, C. divaricatum 99, C. Intybus 99.
Cicuta 62.
Cidra 40.
Ciguë 62.
Cilantro 62.
Cimicifuga racemosa 26.
Cina 97.
Cinchona australis 88, C. Calisaja 88, 89, C. Chahuarguera 88, C. cordifolia 88, C. lancifolia 88, C. Ledgeriana 88, C. lucumaefolia 88, C. macrocalyx 88, C. micrantha 88, 89, C. officinalis 88, 89, C. ovata 88, 89, C. Pahudiana 88, C. peruviana 88, C. pitayensis 88, C.
rugosa 89, C. scrobiculata 88, C. succirubra 88, 89, C. Uritusinga 88.
Cinchonin 89, Cinchonidin 89.
Cineol 21, 60, 61, 76, 77, 78, 79, 81, 96, 97, 108, 109.
Cinnameïn 16, 55.
Cinnamomum aromaticum 22, C. Burmanni 22, C. Camphora 21, C. Cassia 22, C. chinense 22, C. ceylanicum 22, C. pauciflorum 22, C. saigonicum 22, C. Tamala 22.
Ciprès fruto d. 6.
Cissampelos Pareira 25.
Cistaceae 31.
Cistus creticus 31, C. ladaniferus 31.
Citral 39, 41, 75, 78, 109.
Citron 40.
Citronellal 78, l-Citronellol 50.
Citrullol 93.
Citrullus Colocynthis 92.
Citrus 40.
Citrus Aurantium subspec. amara 39. C. Aurantium subspec. bergamia 40. C. Aurantium subspec. dulcis 40, C. bergamia 40, C. Bigaradia 39, C. Limonum 40, C. medica subspec. Limonum 40. C. sinensis 40, C. vulgaris 39.
Claviceps purpurea 3.
Clavo d. especia 60.
Clinopodium brasiliense 82.
Cnicin 99.
Cnicus Benedictus 99.
Coca 37.
Cocculus palmatus 24, C. platyphylla 25.
Cochlearia Armoracia 31, C. officinalis 29, C. pyrenaica 29, Coclearia 29.
Coco manteca d. 112.
Cocos nucifera 112.
Coentro 62, 102.
Coeruleïn 96.
Coffea arabica 90, C. liberica 90.
Coffeïn s. Koffeïn.
Cognac 47.
Coing 50.
Coivos amarellos 31.
Cola acuminata 36, C. vera 36 (vergl. auch Kola).
Colchicin 102.
Colchicum antumnale 102.
Colocint 92, Colocynthein 93, Colocynthis 92.
Colofonia 9.
Colombo 24.
Colombro 93.
Colophonium 8.
Coloquinte etc. 92.
Colquico 102.
Columbamin 25, Columbin 25, Columbo 24.
Columniferae 34.
Cominhos 63.
Comino rustico 66.
Commiphora abyssinica 42. C. africana 43, C. Myrrha 42, C. Opobalsamum α-

Kunthii und β-gileadensis 43, C. Roxburghiana 43, C. Schimperi 42.
Compositae 94.
Conchelos 47.
Condurangin 87, Condurangit 87.
Condurango 86.
Coniferae 6.
Coniferin 99.
Coniin 62.
Conium maculatum 62.
Consolda major 70, C. vermelha 48.
Consolida 26, C. major 70.
Consolidin 70.
Contortae 82.
Contraherva (Contrayerva) 12,
Convallamarin 104, Convallarin 104.
Convallaria majalis 104.
Convolvulaceae 69, Convolvulales 69.
Convolvulin 69,' Convolvulinolsäure 69, Convolvulinsäure 69.
Convolvulus operculatus 69, C. Scammonia 69, C. Turpethum 69.
Copahiba 53, Copahu 53, Copaiba 53.
Copaifera confertiflora 53, C. coriacea 53, C. guyanensis 53, C. Langsdorfii 53, C. oblongifolia 53, C. officinalis 53.
Copaivabalsam 53, Capaivaöl 53, Copaivasäure 53.
Copaiva officinalis 53.
Copaive 53.
Copernicia cerifera 111.
Coptin 26.
Coptis anemonaefolia 26, C. trifolia 26.
Coquelicot 29.
Coralina de Corcega 2.
Coriandrol 62.
Coriandrum sativum 62.
Cormophyta 4.
Cornezuelo de centeno 3.
Cornutin 3.
Coronopus 82.
Costus hortensis 97.
Cotinus Coggygria 44.
Coton hydrophile 35, Cottonöl 35, Cotone absorbente 35.
Cotula aurea 97.
Cotyledon pendulinus 47, C. Umbilicus 47, β-tuberosa 47.
Coumarouna odorata 58.
Courge 93.
Couso 49, Cousso.
Crassulaceae 47.
Cravagem de centeio 3.
Cravinho 60.
Creek gum 61.
Cresson de fontaine 31.
Crisarobina 58.
Crocin 105.
Crocus sativus 105.
Croton Eluteria 16, C. Tiglium 17.
Cruciferae 29.
Cuasia 41.

Cubeb 15, Cubeba officinalis 15, Cubebae 15, Cubebas 16, Cubébe 16.
Cucumis Citrullus 93, C. Colocynthis 92, C. Melo 93, C. sativus 93, C. silvestris 92.
Cucurbita alba 93, C. Citrullus 93, C. Lagenaria var. teres oblonga 93, C. Pepo 93, C. maxima 93.
Cucurbitaceae 92.
Cucurbitin 93, Cucurbitol 93.
Cuisóre 60.
Culantrillo 6.
Culvers root 74.
Cumarin s. Kumarin.
Cuminaldehyd 63, Cuminol 63.
Cuminum Cyminum 63.
Cunila pulegioides 78.
Cupressaceae 6.
Cupressus sempervirens 6.
Curcuma angustifolia 109, C. longa 108, C. Zedoaria 108.
Curcumagelb 108, Curcumaöl 108, Curcumin 108.
Curry 108.
Cuscuta racemosa 70, C. umbellata 70.
Cuscutas 70.
Cusparia febrifuga 38, C. officinalis 38, C. trifoliata 38.
Cusso 49.
Cyatheaceae 6.
Cyclamen europaeum 67.
Cyclamin 67.
Cyclosporeae 1.
Cydonia oblonga 50, C. vulgaris 50.
Cymen 80.
Cymol 21, 78, 80.
Cynanchin 86.
Cynanchum Vincetoxicum 86.
Cynodon dactylon 106.
Cynoglossin 70.
Cynoglossum officinale 70.
Cynorrhodon 49.
Cynosbati fruct. 49.
Cypreste 6.
Cypripedium parviflorum 109, C. reginae 109.
Cytisus Scoparius 56.

Dactyli 111.
Daemonorops Draco 111.
Dafin ol. d. 23.
Dammar 8, Dammarfichte 8, Dammar kauri 8.
Dammara australis 7, D. orientalis 8.
Dammarolsäure 33, Dammarresen 33.
Daphne Gnidium 59, D. Mezereum 58.
Daphnin 69.
Daphnoides 59.
Datteln 111, Dattelpalme 110.
Datura alba 73, D. fastuosa 73, D. Stramonium 73.
Daucus Carota var. sativa 66.
Dedaleira 75.

Delphinin 27, Delphinoidin 27, Delphisin 27.
Delphinium Consolida 26, D. Staphisagria 26.
Dextrolichenin 4.
Dextrose 51, 103.
Dialypetales 20.
Djamboeblätter 59.
Dichopsis Gutta 68.
Dicotyledones 10.
Dictamni cretici herb. 79.
Digalen 75.
Digitala 75, Digital(e) 75.
Digitaleïn 75, Digitalin 75, Digitonin 75, Digitophyllin 75, Digitoxin 75.
Digitalis purpurea 74.
Dill 64.
Dimethylcyklooktadien 113.
Dimethylxanthin 35.
Diosmin 38.
Diospyrales 68.
Dioxyanthrachinon 90, Dioxymethylanthrachinon 14.
Dipenten 8, 21.
Dipsaceae 92.
Dipterocarpaceae 33.
Dipterix odorata 58.
Discolichenes 4.
Dispora caucasica 3.
Diuretin 35.
Doce amargo 73.
Dolichos pruriens 58, D. urens 58.
Dorema Ammoniacum 66, D. Aucheri 66, D. aureum 66.
Dormideiras 28.
Dorstenia brasiliensis 12, D. Contrayerva 12.
Dosten 79.
Douce amère 73.
Drachenblut 111.
Dracoalban 111, Dracoresen 111, Dracoresinotannol 111.
Dracunculus major 112, D. vulgaris 112.
Drago res. d. 111, sangue d. 111.
Drimys Winteri 20.
Drosera longifolia 32, D. rotundifolia 32.
Droseraceae 32.
Dryopteris Filix mas 5, D. marginalis 5.
Duboisia myoporoides 73.
Dulcamara 73.
Dulcamarin 73.

Eau d'ange 59.
Eberraute 97.
Ebonit 113.
Ecballium Elaterium 92.
Ecbolin 3.
Edeltanne 9.
Ehrenpreis 74.
Eibisch 34.
Eiche 10, Eichelkaffe 11, Eichelsamen 11, Eichengerbsäure 11, Eichenrinde 10.
Eisenkraut 75.
Elaeïs guineensis 111.
Elaphrium tomentosum 42.
Elastica 113.
Elaterin 92, 93, Elaterinum 92, Elaterium 92.
Elemi 42.
Elemisäure 42.
Elettaria Cardamomum 109.
Ellagsäure 48.
Emetin 90.
Emodin 46.
Emulsin 51.
Encens 42.
Endivia 99.
Endro 65.
Enebro frut. 7, E. res. 6.
Engelswurz 65.
Enula 95.
Enzian 84, E.-schnaps 84, Enzeler 84.
Equisetaceae 5, Equisetales 5, Equisetinae 5.
Equisetum arvense 5.
Erdbeere 48.
Erdnuß 57, E.-öl 57.
Erdrauch 29.
Ergot de seigle 3, Ergota 3.
Ergotinin 3, Ergotoxin 3, Ergoxanthein 3.
Ericaceae 67.
Ericolin 67, 70.
Erigeron canadensis 94.
Eriodictyon californicum 70, E. glutinosum 70.
Eriodictyonon 70, Eriodictyonsäure 70.
Eruca 30.
Erysimum Cheiri 31, E. officinale 29.
Erytaurin 84.
Erythraea chilensis 84, E. Centaurium 83, E. major 84.
Erythrocentaurin 84.
Erythrodanus 90.
Erythronium dens canis 103.
Erythroxylaceae 37.
Erythroxylon Coca 37.
Escamonea 69.
Escila 103.
Escordio 76.
Escorzonera 99.
Eserin 58.
Espargo 104.
Esparraguera 104.
Espigelia 83.
Espliego 76.
Essigsäureester d. Borneols 92.
Estoraque 68, E. liquido 16.
Estraminio 73, Estramonio 73.
Estrellamin 24.
Estrofanto 86.
Eubasidii 3.
Eucalyptolum 61.
Eucalyptusöl 60.
Eucalyptus Globulus 60, E. rostrata 61.
Eucheuma spinosum 2.

— 123 —

Euforbio 18, Euforbin 18.
Eugenia caryophyllata 60, E. Jambolana 60, E. Pimenta 59.
Eugenol 21, 23, 48, 59, 60, 112.
Eumycetes 2.
Euonymus 45.
Eupatorin 94.
Eupatorium 49, E. perfoliatum 94.
Euphorbe 18.
Euphorbia resinifera 18.
Euphorbiaceae 16.
Euphorbinsäure 18.
Euphorbium 18, E. canariense 18.
Euryangium Sumbul 65.
Euthallophyta 2.
Evonymin 46.
Evonymus atropurpurea 45.
Exogonium Purga 69.

Faex compressa 2.
Fagaceae 10, Fagales 10.
Fagara Clava Herculis 37.
Fagus silvatica 10.
Faradiol 98.
Farfara 98.
Faulbaum 46.
Feige 12.
Felandrio, fellandrio etc. 64.
Felce maschio 5.
Fel de terra 84.
Fenchel 64, Fenchelholz 23.
Fenchon 64.
Fenicul 64.
Fenouil doux 64.
Ferula Assa foetida 65, F. foetida 65, F. galbaniflua 65, F. Narthex 65, F. persica 64, F. rubricaulis 65, F. Scorodosma 65, F. Sumbul 66, F. Szowitziana 64.
Ferulasäure 64, 66.
Fete macho 5.
Feuerschwamm 3.
Fichte 10, Fichtenknospen 9.
Ficus Carica β domestica 12, F. elastica 12.
Fieberbaum 60, Fieberklee 84.
Figos passad. 12.
Filicin 5.
Filipendula Ulmaria 49.
Filixgerbsäure 5, Filixsäure 5.
Filix mas 5.
Filmaron 5.
Fingerhut, roter 74.
Fisetholz 44.
Flachs 36.
Flacourtiaceae 32.
Flaschenkürbis 93.
Flechte, isländische 4, Flechtenstärke 4, Flechtenwurzel, ostindische 75.
Fliedertee 90.
Fliegenholz 41.
Flohkraut 68, Flohsamen 82.
Flores quatuor cordiales 71.
Florideae 1.

Fluavil 68, 69.
Foeniculum capillaceum 64, F. dulce 64, F. officinale 64, F. vulgare 64.
Foenum graecum (Foenugraecum) 56.
Föhre 8.
Fomes fomentarius 3.
Fougère mâle 5.
Fragaria vesca 48, F. v. var. hortensis 48.
Framboesas 48, Framboise, Frambuesa etc. 48.
Frangula 46, Frangula-Rhamnin 46, Frangulin 46.
Franzosenholz 37.
Frauenhaar 5, Frauenminze 78, 97, Frauenschuh, amerikanischer 109.
Fraxin 45.
Fraxinus Ornus 87, Fr. rotundifolia 87.
Freisamkraut 32.
Fresa 48.
Froschlöffel 100.
Frühlingsfeuerröschen 27.
Frumento amido d. 107.
Fucaceae 1.
Fucus amylaceus 2, F. vesiculosus 1.
Fuligo ligni 113.
Fumaria Bastardi 29, F. capreolata 29. F. capreolata var. vulgaris 29, var. Bastardi 29, F. media 29, F. officinalis 29.
Fumarin 29, Fumarsäure 29.
Fumus terrae 29.
Funcho 64.
Fungi 2.
Fungus Laricis 4, F. igniarius 3, F. Secalis 3.
Funtumia 86.
Fusain noir pourpré 45.

Gajac 37.
Galanga 108.
Galangin 108.
Galbanum 65.
Galbaresinotannol 65.
Galeopsis dubia 77, G. ochroleuca 77.
Gale turcice 11.
Galgantwurzel 108.
Galhas 11.
Galipea Cusparia 38, G officinalis 38.
Galipin 39·
Gallae 11, G. turcicae 11, Galle d'Alep 11, Gallen 11.
Gallussäure 11, 36, 43, 44, 60, 98.
Gamander 75.
Gambir-Catechu 89.
Gambogia 33.
Gamoes 102.
Garcinia Hanburyi 33, G. Morella 33.
Garcinolsäure 33.
Garofani 60.
Gartenminze 81, Gartenmohn 28. Gartenraute 37.
Gaultherase 49, Gaultherin 49.

Gaultheria procumbens 67.
Geigenharz 8.
Gelbwurz 108.
Gelidiaceae 1.
Gelidium cartilagineum 1, G. corneum 1, G. crinale 1, G. elegans 1, G. polycladum 1.
Gelose 1.
Gelsemin 83, Gelseminin 83, Gelsemoidin 83.
Gelsemium nitidum 82, G. sempervirens 82.
Genciana 84.
Genévrier 7.
Gengibre 108.
Gentiana Centaurium 83, G. lutea 84, G. pannonica, 84, G. punctata 84, G. purpurea 84, G. scabra 84, G. symphandra 84.
Gentianaceae 83.
Gentiane 84.
Gentianin 84, Gentianose 84, Gentiobiose 84, Gentiogenin 84, Gentiopikrin 84.
Genziana 84.
Geraniaceae 36.
Geraniol 40, 50, 75.
Geranium maculatum 36.
Gerbersumach 44.
Gerbsäure 12, 41, 45, 59, 61, 91, 92.
Gerbstoff 11. 15, 33, 36, 44, 61, 67, 69, 85, s. auch Tannin- und Gallussäure.
Germandrée petit-chêne 76.
Germer 101.
Gerste 107, Gerstel 107, Gerstenmalz 107.
Geum urbanum 48.
Gewürznelke 60.
Gialapa 69.
Giesta 56.
Giftlattich 100, Giftsumach 44.
Gigartinaceae 2, Gigartineae 2.
Gigartina mamillosa 2, G. spinosa 2
Gilbarbeira 104.
Gileadbalsum 43.
Ginepro 6, 7.
Gingembre 108.
Gingerol 109.
Gingiber 108.
Ginsão 62.
Ginseng 62.
Girofle 60.
Gitalin 75.
Giusquiamo 72.
Glaskraut 14.
Glecoma (Glechoma) hederacea 77.
Glumiflorae 106.
Glycirrhetinsäure 57.
Glycirrhiza glabra 57, G. gl. var. typica 57, G. gl. var. glandulifera 57.
Glycirrhizin 57, 58, Glycirrhizinsäure 57, 69.
Glykocochlearin 29.
Glykose 87, 111.

Glykotropaeolin 29.
Glykuronsäure 57.
Gnadenkraut 74.
Gnaphalium dioicum 95.
Goapulver 58.
Golden seal 25, Golden thread 26.
Goldlack 31.
Goma tragacanto 56, G. arabica 52, G. gotta (gutta) 33.
Gomme arabique 52, G. gutte 33.
Gonolobus Condurango 86.
Gossypium arboreum 34, G. barbadense 34, G. herbaceum 34.
Gracilaria compressa 2, G. lichenoides 2.
Graciosa 74.
Grama 106
Gramineae 106.
Graminis rad. 106, 107.
Granado 61, Granatapfel 61.
Granati cort. 61.
Granza 90.
Gratiola linifolia 74, G. officinalis 74.
Gratiolin 74.
Grénadier 61.
Grindelia robusta 94, G. squarrosa 94.
Grindelin 94.
Grindwurzel 104.
Groselhas 47.
Grosella, Groseille etc. 47.
Grossularia 47.
Gruinales 36.
Guaiacum officinale 37, G. sanctum 37.
Guajakol 10.
Guarana 45.
Guiabelha 82.
Guimauve 34.
Guma arabica 52, G. Kino 57.
Gummi 12, 65.
Gummi Acaciae 52, G. arabicum 52, G. elasticum 113, G. Eucalypti 61, G. Guttae 33, G. Gutti 33, G. plasticum 68, 69.
Gummibaum 12, s. auch Kautschuk.
Gundelrebe 77.
Gurke 93.
Gurunüsse 36.
Gutagamba 33, Gutta 68, 69, G. Percha etc. 68, Gutti 33.
Guttiferae 33, Guttiferales 33.
Gymnadenia conopea 110.
Gymnospermae 6.
Gynandrae 109.
Gynocardia odorata 32.
Gynocardin 32.
Gynopogon stellatus 85.
Gypsophila Arrostii 19, G. paniculata 19.

Hafer 106.
Hagebutten 49.
Hagenia abyssinica 49.
Hamamelidaceae 16, Hamamelidales 16.
Hamamelitannin 16.
Hamamel Virginic 16, Hamamelis virginiana 16.

Hämateïn 55.
Hämatoxylin 55.
Hämatoxylon campechianum 54.
Hameiu 12.
Hancornia 86.
Hanf 13, Hanf, indischer 13, kanadischer 85. Hanffrüchte 13, Hanfsamen 13.
Hanfnessel 77.
Hartgummi 113.
Haschisch 13.
Haselwurz 24, Haselwurzkampfer 24.
Hauhechel 56.
Hauswurz 47.
Heckenrose 49.
Hedeoma pulegioides 78.
Hedeomol 78.
Hedera terrestris 77.
Heerabol-Myrrha 42.
Heerabomyrrhol 42, Heerabomyrrholol 42, Heeraboresen 42.
Heidelbeere 67.
Helleborein 26, Helleborin 26,
Helleborus niger 26.
Helecho macho 5.
Helenin 95.
Helenium 95.
Helminthochorton 2.
Helobiae 100
Helxine 14.
Hemidesmus indicus 86.
Hepatorion 49.
Herbstzeitlose 102.
Herniaria glabra 20, H. hirsuta 20.
Herniarin 20.
Herra terrestre 77.
Hesperetinsäure 26.
Hesperideo 39, 40.
Hesperidin 35, 38, 39, 74.
Hevea brasiliensis 18, H. guyanensis 18.
Hexylalkohol 95.
Hibiscus japonicus 34.
Hidrocotila 62.
Hiedra terrestre 77.
Himbeere 48.
Himmelbrand 74.
Hinojo 64.
Hiosciam 72.
Hiperic 33, Hipericon 33.
Hippocastanaceae 45, Hippocastanum 45.
Hirschzunge 5.
Hirundinaria 86.
Hisop(o) 79, Hissopo 79.
Hollin 113.
Holunder etc. 90.
Holzkohle 113, Holztee 37, 99.
Homeriana-Tee 15.
Homochelidonin 27, 28.
Homoëriodictyol 70.
Honigklee 56.
Hopea 33.
Hopfen 12, Hopfenbittersäure 13, Hopfenmehl 13. Hopfenzapfen 12.

Hordeum decorticatum 107, H. distichon 107, H. hexastichon 107, H. nudum 107, H. perlatum 107, H. sativum 107, H. vulgare 107.
Hortelã 81,' H. pimenta 81, 82.
Houblon 12.
Houx petit 104.
Huflattich 98.
Humulus Lupulus 12.
Hundswürger 86, Hundszahn 103, 106,
Hundszunge 70.
Hura brasiliensis 18, H. crepitans, var. genuina 18.
Hurin 18.
Hydnocarpus odoratus 32.
Hydrastin 26.
Hydrastis canadensis 25.
Hydrocarotin 66.
Hydrochinon 67.
Hydrocotyle asiatica 62.
Hydrophyllaceae 70.
p-Hydroxyphenyläthylamin 3.
Hymenomycetes 3.
Hyoscin 71, 72, 73.
Hyoscyamin 71, 72, 73, 100.
Hyoscyamus niger 72.
Hypericum perforatum 33.
Hypocreaceae 3, Hypocreales 3.
Hypoquebrachin 85.
Hyssopus officinalis 79.

Jaborandi 38, Jaborandus 38.
Jacea 32.
Jalapaharz 69, Jalapawurzel 69, Jalapa do Brazil 69, Jalappa 69.
Jalapin 69, 70.
Jambosa Caryophyllus 60.
Jambul sem. 60.
Jambulol 60.
Japankampfer 22.
Jatropha Manihot 18.
Jatrorrhiza (Jateorrhiza) Columba 24, J. palmata 24,
Jatrorrhizin 25.
Java-Tee 82.
Jecquirity 58.
Jengibre 108.
Jenupere 6, 7.
Jervin 101.
Igasurin 83.
Igelföhre 8.
Ignatiusbohnen 83, St. Ignace Féve d. 83, S. Ignacio Haba d. 83, St. lgnatii Fab. 83.
Ilex paraguariensis 45.
Illicium anisatum 20, I. verum 20.
β-Iminoazolyläthylamin 3.
In 36.
Incenso 42, Incienso 42.
Indian Tobacco 94, I. Sarsaparilla 86.
Indigo 17.
Inflatin 94.
Ingwer 108.

Inula Helenium 95.
Inulin 70, 95, 96, 97, 98, 99, 100.
Invertzucker 47, 49, 67.
Jod 1.
Johannisbeere, rote 47, Johanniskraut 33, Johannistee 77.
Ipecacuanha etc. 90, Ipecacuanhasäure 90.
Ipomoea Purga 69, J. Turpethum 69.
Ipurganol 69.
Ipurolsäure 69.
Iride 105, Iridin 106.
Iris florentina 105, I. germanica 105, I. pallida 105.
Irisöl 105.
Iron 32, 105.
Isobarbaloin 103.
Isobuttersäure 95.
Isoferulasäure 28.
Isolinolensäure 36.
Isonandra Gutta 68.
Isopelletierin 61.
Isopren 113.
Isovaleriansäure 66, 92.
Judenkirsche 72.
Juglandaceae 11, Juglandales 11.
Juglans regia 11.
Juglon 11.
Juisquiame noire 72.
Jujubas 46, Jujuben 46.
Juniperus communis 6, 7, J. Oxycedrus 7, J. Sabina 7.
Juniperi empyreumatici Ol. 7.
Justitia nasuta 75.

K siehe auch C
Kadöl 7.
Kaffee, Kaffeebaum 90, Kaffeegerbsäure 89, 90.
Kakao 35, Kakaobutter 35.
Kalabarbohnen 58.
Kalebasse 93.
Kalmus 112, Kalmusöl 112.
Kamala 17.
Kampfer 79, Kampfer, chines 22, Kampferbaum 21, l-Kampfer 94, 96.
Kämpferid 108, Kämpferol 26.
Kamphen 76, s. auch Camphen.
Kamille, kleine 96, römische oder große 95.
Kanadabalsam 9.
Kaneel 22.
Kapaloin 102.
Kardamomen 109, Kardamomöl 32, 109.
Kardobenediktenkraut 99.
Karnaubapalme 111, Karnaubawachs 111.
Kartoffel, Kartoffelstärke 72.
Käsepappel 34.
Katechin 53, Katechu 53, Katechugerbsäure 53, 89, Katechusäure 53, 89.
Katzenpfötchen 95.
Kaurifichte 7, Kaurikopal 7.
Kaurin-, Kaurol-, Kauronolsäure 8.
Kautschuk 12, 18, 86, 113.

Kefir siccum 3.
Kerbel 62.
Kermesbeere 19.
Kickxia 86.
Kiefer 8.
Kienruß 113.
Kino (Malabar) 57, Kinogerbsäure 57, Kinorot 57.
Kirsche 51.
Kirschlorbeer 52.
Klatschmohn 28.
Klette 99, Klettenwurzel 99, Klettenwurzelöl 99.
Knoblauch 103, Knoblauchöl 103
Knorpeltang 2.
Kodein 28.
Koffeïn 33, 36, 45, 90.
Kognak 47.
Kohlreps 30.
Kokain 37.
Kokkelskörner 24.
Kokosfett 112, Kokospalme 112.
Kola 36.
Kolanin 36.
Kolophonium s. Colophonium.
Koloquinte 92.
Kombé 86, Kombésäure 86.
Königskerze 74.
Kopaivabalsam 53.
Kopra 112.
Koriander 62.
Korn 107.
Kosamin 41.
Kosin 49.
Koso (Kosso) 49, Kousso 49.
Kosotoxin 49.
Krähenaugen 83.
Krameria triandra 54.
Krapp 90.
Krauseminze und K.-Öl 81.
Krebswurz 15.
Kren 31.
Kreosol 10, Kreosot 10, Kresol 10.
Kresse 29.
Kreuzdorn 46, Kreuzbeeren 46.
Krotonharz 17, Krotonolsäure 17, Krotonöl 17.
Kubeben 15.
Kubebenharzsäure 16, Kubebin 16.
Küchenschelle 27, Küchenzwiebel 103.
Kukuruz 106.
Kumarin 56, 58.
Kümmel 63, K. römischer 63.
Kürbiskerne 93, Kürbiskernöl 93.
Kusparin 39.
Kusso 49.
Kuttelkraut 80.
Kuzu 58.

Labdanum 31.
Labiatae 75.
Lachenknoblauch 76.
Lacriz 57.

Lactuca altissima 100, L. sativa 100, L. virosa 100.
Lactucarium 100, Lactucin 100, Lactucocerin 100, Lactucopicrin 100, Lactucon 100.
Ladanum 31.
Lady's slipper 109.
Lagenaria vulgaris var. Couyourda 93.
Laminariaceae 1.
Laminaria Cloustonii 1, L. digitata 1, L. digitata β Cloustonii 1, L. hyperborea 1.
Lana Gossypii Brunsii 35.
Landolphia 86.
Lappa major 99, L. tomentosa 99.
Laranja 39, L. doce 40, Laranjera azeda 39, 40, L. doce 40.
Lärche 9, Lärchenschwamm 4.
Laricinolsäure 9, Laricopinonsäure 8.
Larix europaea 9, L. decidua 9.
Laserpitium Chironium 66, L. latifolium 66, L. Siler 66.
Latsche 9, Latschenöl 9.
Lauraceae 21.
Lauran 24.
Laurel 23, L. cerero 52.
Laurier cerise 52, L. commun 23.
Laurin 112, Laurinsäure 24.
Lauro 23.
Laurocerasus 52.
Laurostearin 24.
Laurus Camphora 21, L. Cinnamomum 22, L. nobilis 23, L. Sassafras 23.
Läusekörner 26, Läusesalbe 101, Läusesamen 101.
Lavanda, Lavande 76.
Lavandula officinalis 76, L. Spica 76, L. Stoechas 77, L. vera 76.
Lavendel 76.
Lävulose 87.
Lebensbaum 6.
Lechuza 100.
Lecythidaceae 59.
Legföhre 9.
Lein 36, Leinöl 36, Leinsamenmehl 36.
Lemii 40.
Lentiscum 44, Lentiscusöl 44.
Leontodon Taraxacum 99.
Leonurus lanatus 77.
Lepidium latifolium 29, L. sativum, var. crispum 29.
Leptandra virginica 74.
Leucojon luteum 31.
Levisticum officinale 65.
Levkoje 31.
Lichen 4, L. islandicus 4, L. Pulmonaria 4.
Lichenes 4, Lichenin 4.
Licopodio 5.
Liebersche Kräuter 77.
Liebstöckel 65.
Lierre terrestre 77.
Lignum sanctum 37.

Liguliflorae 99.
Ligusticum Levisticum 65.
Ligustrales 87.
Liliaceae 101, Liliiflorae 101, Lilioideae 103.
Limão 40.
Limonen 39, 40, 41, 42, 75, 81, 94.
Lin 36.
Linaceae 36.
Linalool 40, 62, 77, 81.
Linalylacetat 40, 77.
Linaza 36, Linhaça 36, Linho 36.
Linguae cervinae fol. 5.
Linoleïn 75, Linolensäure 36, Linolsäure 36, 87.
Linum usitatissimum 36.
Lippia citriodora 75.
Liquen islandico 4.
Liquidambar macrophylla 16, L. orientalis 16, L. styraciflua 16.
Liquiritia 57.
Lirio, L. d. Florencia 105, L. d. l. valles 104.
Lithospermum fruticosum 71.
Llanten 82.
Lobaria Pulmonaria 4.
Lobelacrin 94, Lobeliasäure 94, Lobeliin 94.
Lobelia inflata 94.
Lobeliaceae 94.
Lobélie enflée 94.
Löffelkraut 29, Löffelkrautöl 29.
Loganiaceae 82.
Log wood 55.
Loranthaceae 14.
Lorbeer 23.
Losna 98.
Loureiro 23, L. cerejera 51.
Löwenzahn 99.
Lucuma glycyphloea 68.
Luisa hierba 75.
Luppulino 13, Lupulinum 13, Lupulus etc. 12.
Lycin 71.
Lycium barbarum 71, L. europaeum 71, L. spinosum 71.
Lycopodiaceae 4, Lycopodiales 4, Locopodiinae 4.
Lycopode 5, Lycopodio 5.
Lycopodium clavatum 4.

Macassaröl 45.
Macella 96.
Macis 21.
Maggiorana 79.
Magheran 79.
Magnoliaceae 20.
Mahonia Aquifolium 25.
Maiglöckchen 104.
Majoran 79, Majorana hortensis 79.
Mais 106, Maisgriffel 106, Maisstärke 106, Maiz 106.
Mallotus philippinensis 17.

Maltum 107.
Malus communis 50, M. domesticus 50.
Malva neglecta 34, M. nicaeensis 34, M. rotundifolia 34, M. silvestris 34, M. vulgaris 34.
Malvaceae 34.
Malz 107, Malzextrakt 108, Malzkaffee 108.
Maná 87.
Mandel 51, Mandelbaum 51, Mandelmilch 51, Mandelöl 51.
Mandioca 18, Mandiok 18, 109, Maniok 18, 109.
Mandorle 51.
Manihot Glaziovii 18, M. palmata, var. Aipi 18, M. utilissima 18, 109.
Manila-Elemi 42.
Manna 87, Mannaesche 87, Manne 87.
Manneotetrose 87.
Männertreu 74.
Mannit 87, Mannitum 87.
Manzanilla fina 97, M. ordinaria 96, M. romana 95.
Maranta arundinacea 109.
Marattifett 32.
Margarinsäure 87.
Marille 50.
Marjolaine 79.
Marmelo 50.
Marrojo 77.
Marrubiin 77.
Marrubium vulgare 77.
Marsdenia Condurango 86.
Mastica 44, Mastiche 44, Masticinsäure 44, Masticonsäure 44, Mastix 44.
Maté 45.
Matica 15, Matico 15.
Matikampfer 15.
Matricaria Chamomilla 96.
Maulbeere 12.
Mäusedorn 104, Mäusezwiebel 103.
Mauve sauvage 34.
May-apple 25.
Mayzensäure 106.
Meconsäure 28.
Meerrettich 31, Meerzwiebel 103.
Meimendro 72.
Mejorana 79.
Mekkabalsam 43.
Melaleuca Leucadendron 61, var. Cajeputi u. var. minor 61.
Melançia 93.
Melanthoideae 101.
Melão 93.
Melilotsäure 56.
Melilotus altissimus 56, M. officinalis 56.
Melisa 78, Melissa officinalis 78, Melisse 78.
Melogranado 61.
Melone 93.
Menispermaceae 24.
Mentha aquatica var. crispa 81, M. arvensis var. crispa 81; M. arvensis var.

piperascens 81, M. canadensis var. piperascens 81, M. crispa 81, M. longifolia var. crispa 81, M. piperita 81, 82, M. Pulegium subsp. gibraltaricum 80, M. P. var. villosa 80, M. romana 97, M. rotundifolia var. glabra 81, M. sarracenica 97, M. viridis 81, M. viridis var. crispa 81.
Menthe poivrée 81, 82.
Menthen 80, Menthol 81, 82, Menthon 78, 81.
Menyanthaceae 85.
Menyanthes trifoliata 84.
Menyanthin 85.
Mercurialis ambigua 17, M. annua 17, Mercuriale annuelle 17.
Metroxylon laeve 111, M. Rumphii 111, M. Sagus 111.
Methylarbutin 67, β-Methyläskuletin 69, Methyl-n-Nonylketon 38, Methylpelletierin 61, Methylsalicylat 10, 67, s. auch Salicylsäuremethylester, Methylsapotoxin 19.
Mezereïn 59, Mezereïnsäureanhydrit 59.
Mezereum 58.
Migränestifte 81.
Milfolhada 96.
Milfurada 33.
Milho 106.
Millefolium 96.
Millepertuis 33.
Mimosaceae 52.
Mimosa cochliocarpos 51.
Mimusops Balata 69.
Minyak-Tangkawang 34.
Mira, Mirra 42.
Mistel 14.
Mohn 28, Mohnöl etc. 28.
Möhre 66.
Molutru 56.
Momordica Elaterium 92.
Monarda punctata 80.
Monesia 68, Monesin 69.
Monimiaceae 21.
Monochlamydeae 10, Monocotyledones 100.
Moos irländisches 2, M. isländisches 4.
Mora 12, Zumo d. 12.
Moraceae 12.
Moragueiro 48.
More de rovo 48.
Morelle noire 73.
Morphin 28.
Morsus diaboli 92.
Morus nigra 12.
Mostarda 30, M. branca 30, Mostaza 30.
Mousse de Corse 2.
Moutarde blanche 30, M. noire 30.
Mucuna pruriens 58, M. urens 58.
Mundubi-Öl 57.
Musa 108.
Muskatblüte 21, Muskatöl 21, Muskatbutter 21, Muskatnuß 21, Muskatnuß-

baum 20, Musquade d. moluques 21, Musquade beurre d. 21.
Mustar 30.
Mûr 12
Murta 59.
Multerblätter 54, Mutterharz 65, Mutterkorn 3, Mutterkümmel 63.
Myricetin 44.
Myricilalkohol 24.
Myristica fragrans 20, 21, M. moschata 20.
Myristicaceae 20.
Myristicin 21, Myristin 75, 112.
Myrosin 29, 30, 31.
Myrospermum peruiferum 55.
Myroxylon balsamum 55, M. b. var. genuinum 55, M. b. var. Pereirae 55, M. Pereirae 55, M. peruiferum 55, M tolui ferum 55.
Myrrh 42, Myrrha 42.
Myrtaceae 59, Myrtales 58.
Myrte 59, Myrtenöl 59.
Myrtus communis 59, M. Pimenta 59.

Nachtschatten 73.
Naphae flor. 39.
Naranja amarga 39, N. dulce 40, Naranjo agrio 40.
Narkotin 28.
Nastruço 29.
Nasturtium crispum 29, N. officinale 31.
Nataloin 102.
Natternwurz 15.
Nectandra Puchury major 23, N. P. minor 23, N. Rodiaei 22.
Nelken 60, Nelkenöl 60, Nelkenpfeffer 59, Nelkenwurz 48.
Nemalioneae 1.
Nephrodium Filix mas 5.
Nerprun 46.
Neugewürz 59.
Ngaikampfer 94.
Nicotiana Tabacum 73, N. rustica 73.
Nießwurz 26, weiße 101.
Nikotin 73.
Noce moscata 21, N. vomica 83.
Nogal 11.
Nogueira 11.
Noix vomique 82.
Noz moschada 21, N. vomica 83.
Nozes ol. d. 11.
Nuca moschata 21, N. vomica 83.
Nucistae ol. 21.
Nucsore 21.
Nuez moscada 21, N. vomica 83.
Nuß, brasilianische 59, syrische 44, Nußblätter 11, Nußöl 11, Nußsamen 11.
Nux moschata 21, N. vomica 83.
Nyssa aquatica 59, N. silvatica 56, N. multiflora 59, N. uniflora 59, N. Ogeche 59.
Nyssaceae 59.

Ocotea Puchurim major 23.
Odermennig 49.

Oeilette 28.
Oenanthe Phellandrium 64.
Ölbaum 87, Ölpalme 111, Ölsäure 34, 35, 36, 45, 87, 112.
Olea europaea 87.
Oleaceae 87.
Oleïn 51, 75.
Oleuropeïn 87.
Oliban 42, Olibanum 42.
Olibanoresen 42.
Oliva 87, Olive 87, Oliveira 87.
Olivamarin 87.
Olmo 13.
Ononid 56, Ononin 56.
Ononis spinosa 56.
Operculina Convolvulus 69, O. macrocarpa 69, O. tuberosa 69, O. Turpethum 69.
Ophelia Chirata 84.
Opheliasäure 84.
Ophrys arachnites 110, O. aranifera 110.
Opiu 28, Opium 28.
Opobalsamum 43.
Opopanax Chironium 66, Opoponax 66.
Oporesinotannol 66.
Oppio 28.
Orange 40, Oranger vraie 40.
Orchis coriophora 110, O. incarnata 110, O. latifolia 110, O maculata 110, O. mascula 110, O. militaris 110, O. Morio 110, O. purpurea 110, O ustulata 110.
Oregano 79, Oregão 79.
Orge perlé 107.
Origanum Dictamnus 79, O. Majorana 79, O. virens 79, O. vulgare 79, O. vulgare var. virens 79.
Orizabin 70.
Orthosiphon stamineus 82.
Orthosiphonin 82.
Ortiga 13.
Oryza sativa 106.
Ourouparia Gambir 89.
Oxycedrus 7.
Oxymethylanthrachinone 46, Oxyneurin 71, Oxyquercetin 44.

Paederotis herb. 62.
Paku Kidang 6.
Palaquium borneense 68, P. Gutta 68, P. oblongifolium 68, P. Treubii 68.
Paleae haemostaticae 6.
Palmae 110.
Palmatin 25.
Palmitin 35, 75, Palmitinsäure 45, 87, 112.
Palmöl 112.
Panama, éc d. 47, Panamarinde 47.
Panax Ginseng 62, P. quinquefolius 62
Paparone 29.
Paparraz 26.
Papaver Rhoeas 28, P. somniferum 28, P. somniferum, var. album 28.
Papaveraceae 27.
Papaverin 28.

Mitlacher, Die offizinellen Pflanzen und Drogen.   9

Papilionaceae 53, Papilionatae 55.
Papoilas 29.
Pappelknospen 12, Pappelsalbe 12.
Paprika 72.
Parabuxin 19.
Paracary 82.
Paracopaivasäure 53.
Paracumarsäure 103.
Paraffin 50, 96.
Paraguay-Roux 95, Paraguayensis herba 45.
Parakresse 95, Paranuß 59.
Pareira (brava), 23, 25.
Parietales 31.
Parietaria lusitanica 14, P. officinalis 14.
Parillin 104, 105.
Parmeliaceae 4.
Paronychia argentea 20.
Passulae 47.
Pastinaca Opopanax 66.
Paternostererbsen 58.
Paulinia 45, Paullinia Cupana 45, P. sorbilis 45.
Pavot 28.
Payena Leerii 68.
Pece d. Borgogna 10.
Pecegueiro 51.
Pech 9.
Pechorim 23.
Pecura liquida 9.
Pedaliaceae 75.
Pedicularia 26.
Pegu-Katechu 53.
Pektin 50.
Pelletierin 61.
Pellitorin 96.
Pelosin 25.
Peltodon radicans 82.
Pennawar Djambi 6.
Pennyroyal 78, Pennyroyalöl 80.
Peperidge 59.
Pepino 93, Pepino d. S. Gregorio 92.
Pepo 93, P. aquosus 93.
Perejil 63.
Pereirawurzel 25.
Periploca indica 86.
Perlmoos 2.
Perros passados 50.
Perrückenbaum 44.
Persicus 51.
Persica vulgaris 51.
Persil 63.
Pertussin 80.
Perubalsam 55, Perubalsamöl 55.
Peruresinotarnol 55.
Peruvianum balsam 55, Peru bals. liquido d. 55, Peruviano balsam. solido 56.
Pervenche 85.
Pervinca 85.
Petersilie 63.
Petitgrainöl 39.
Petroselinum hortense 63, P. sativum 63.

Peucedanum graveolens 64.
Peumus Boldus 21.
Peuplier noir (bourg.) 12.
Pez louro 8, P. resina 8, P. d. Borgonha 10.
Pfeffer, langer 15, Pf., schwarzer 72, Pf., spanischer 72, Pfefferkraut 29, Pfefferminze 81, Pfefferminze, japanische 81.
Pfeilwurz 109.
Pfirsich 51.
Pflaume 50.
Phaeophyta 1, Phaeosporeae 1.
Phellandren 9, 23, 42, 64, 65.
Phellandrium aquaticum 64.
Phoenix dactylifera 110.
Phyllitis Scolopendrium 5.
Physalin 72.
Physalis Alkekengi 72.
Physostigma venenosum 58.
Physostigmin 58.
Phytolacca decandra 19, Ph. esculenta 19.
Phytolaccaceae 19.
Phytolaccin 19.
Phytosterin 98.
Picea excelsa 10, P. succinifera 10.
Pichurim fabae majores und minores 23, Pichurimbohnen 23.
Picis liquid. Ol. 9.
Picraena excelsa 41.
Picrasma excelsa 41, P. quassioides 41.
Picrasmin 41.
Picrocrocin 105.
Pièd de chat 95.
Pikroaconitin 27.
Pikropodophyllin 25.
Pikrotoxin 24.
Pilocarpin 38.
Pilocarpus Jaborandi, P. microphyllus, P. pennatifolius 38.
Pimarsäure 8.
Pimenta 15, 59, P. longa 15, P. officinalis 59, Pimentão 72, Pimienta d. Jamaica 59.
Pimpernüßchen 44.
Pimpinella Anisum 63, P. magna 64, P. Saxifraga 64.
Pimpinellin 64.
Pinen 6, 7, 8, 9, 21, 44, 76, 78, 79, 80, 92.
Pinheiro 8.
Pin sylvestre 9, Pini folior. ol. 9, Pini resina (und burgundica) 8, Pino yemas d. 9, Pini turio 9, gemmae, lympha 9.
Pinites succinifera 10.
Pinkroot 83.
l-Pinocamphen 79.
Pinus Abies 10, P. australis 8, P. austriaca 8, P. excelsa 10, P. Laricio 8, P. Larix 9, P. maritima 8, P. montana 9, P. Mughus 9, P. nigra 8, P. palustris 8, P. Picea 9, P. Pinaster 8, P. Pumilio 9, P. silvestris 8, P. silv-Öl 9, P. Taeda 8.
Piperaceae 15.

Piperales 15.
Piper Cubeba 15, P. angustifolium 15, P. longum 15, P. nigrum 15, P. officinarum 15.
Piperidin 96, Piperin 15, Piperonal 110.
Piptostegia Gomesii 69, P. Pisonis 69.
Pira siccata 50.
Pirolaceae 67.
Pirus Malus 50, P. Sorbus 50.
Pisang 108.
Pissenlit 99.
Pistacia Lentiscus 44, P. Lentiscus var chia 44, P. Terebinthus 44, P. vera 44.
Pistazie 44.
Pithecolobium Avaremotemo 52.
Pix burgundica 10, P. flava 8, P. liquida 9, 10, P. navalis 9, P. nigra 9, P. Pini 9, P. solida 9.
Plantaginaceae 82.
Plantago aquatica 101, Pl. ceratophylla 82, Pl. coronopifolia 82, Pl. macrorrhiza 82, Pl. Psyllium 82, Pl. major 82.
Platanthera bifolia 110.
Plop 12.
Pockenwurzel 104, Pockholz 37.
Podofillo 25.
Podophyllinum 25, Podophylloresin 25, Podophyllotoxin 25.
Podophyllum peltatum 25.
Poho 81.
Poivre long 15.
Poix d. Bourgogne 10, P. noir 9.
Poleiöl 80.
Poligala s. Polygala.
Polycarpicae 20.
Polychroit 105.
Polygala amara 43, P. virginiana 43, P. Senega 43, P. d. Virginie etc. 43.
Polygalaceae 43.
Polygalasäure 43, Polygamarin 43.
Polygonaceae 14, Polygonales 14.
Polygonum aviculare 15, P. Bistorta 15.
Polypodiaceae 5.
Polypodium Filix mas 5.
Polyporaceae 3.
Polyporus officinalis 4, P. fomentarius 3.
Pomeranze 49.
Pomme de terre 72.
Pomoideae 50.
Ponticin 15.
Populus nigra 12.
Portocale amare 39, 40.
Potato 72.
Potentilla erecta 48, P. silvestris 48.
Pradosia lactescens 68.
Presshefe 2.
Prezzemolo 63.
Prickly ash 37.
Primulaceae 67, Primulales 67.
Protium 42.
Protopin 27, 28, 29.
Protoveratrin 101.
Prulaurasin 52.

Pruna 50, P. siccata 50, Prunum 50.
Prunoideae 50.
Prunus Amygdalus 51, P. armeniaca 50, P. avium 51, P. Cerasus 51, P. communis 51, P. communis f. amara 51, P. domestica 50, P. Laurocerasus 52, P. macrophylla 52, P. Persica 51, P. serotina 52, P. virginiana 52.
Pseudojervin 101, Pseudopelletierin 61.
Psidium Guaiava 59.
Psychotrin 90.
Psyllii sem. 82.
Pteridophyta 4.
Pterocarpus Marsupium 57, Pt. santalinus 57.
Ptychotis Ajowan 80.
Pueraria Thunbergiana 58.
Pulegium 80.
Pulegon 81, 78, 79.
Pulejo 80.
Pulmonaria 4.
Pulsatilla vulgaris 27.
Pulu 6.
Purgierkörner 17, Purgierwinde 69.
Punica Granatum 61, Punicaceae 61.
Purpurin 90, Purpuringlykosid 90.
Purpurrose 49.
Purshianin 46.
Pyrenomycetineae 3.
Pyrèthre d'Afrique 96.
Pyrethrin 96.
Pyrethrum germanicum 95, P. romanum 95.
Pyrobetulin 10.

Quassia amara 41, Q. Simaruba 41.
Quassiaholz 41.
Quassiin 41.
Quebrachamin 85, Quebrachin 85.
Quebracho blanco 85, Q. colorado 85, Quebrachoextrakt 85.
Quecke 107.
Queens root 18.
Quendel 79.
Quercus alba 11, Q. infectoria 11, Q. lusitanica var. infectoria 11, Q. marina 1, Q. pedunculata 11, Q. Robur 11, Q. sessiliflora 11.
Quillaja Saponaria 47.
Quillajasäure 48.
Quina amarella 89, Q. Calisaya 89, Q. ciazenta 89, Q. d. Huanuco 89, Q. d. Loja 89, Q. d. Loxa 89, Q. pallida 89, Q. real 89, Q. roja 89, Q. vermelha 89.
Quina-Quina 88, Quinquina jaune 89, Q. rouge 89.
Quittenbaum 50.

Rabano 31, Rabão 31.
Rabarbero 14.
Racemosin 26.
Radices quinque aperientes 104.
Raifort 31.
Rainfarn 96.

9*

Ranunculaceae 26.
Raps 30.
Ratanhia, Ratania 54, Ratanhiagerbsäure 54, Ratanhiarot 54.
Räuchertee 98.
Rauchhafer 106.
Raucke 29.
Rautenöl 38.
Redgum 61.
Reginae hungaricae aqua 76.
Réglisse 57.
Reis 106, Reisstärke 106.
Reps 30.
Resina 8, R. elastica 113, Resinae ol. empyreumatic 9.
Reuniol 50.
Revent 14
Rhabarber 14.
Rhamnales 46, Rhamnaceae 46.
Rhamnofluorin 46, Rhamnosterin 46.
Rhamnus cathartica 46, R. Frangula 46, R. Lotus 46, R. Purshiana 46.
Rhapontic 15, Rhapontik 15, Rhaponticin 15, Rhapontin 15.
Rheïn 14.
Rheum officinale 14, R. palmatum 14, R. palmatum β tanguticum 14, R. Rhaponticum 15, R. tanguticum 14.
Rheum-Emodin 14.
Rhinacanthin 75.
Rhinacanthus communis 75, R. nasutus 75.
Rhodinol 50.
Rhodophyllidaceae 2, Rhodophyta 1.
Rhodymenieae 2.
Rhoeadales 27.
Rhoeadin 29, Rhoeadinsäure 29.
Rhubarbe d. Chine 14, Rhuibarbo 14.
Rhus Coriaria 44, R. Cotinus 44, R. glabra 44, R. Toxicodendron 44.
Ribes rubrum 47.
Ribisel 47.
Ricin 18, Ricinolsäure 18.
Ricinus communis 17.
Ricinusöl 17.
Ringelblume 98.
Ring-worm-Tinktur 75.
Rittersporn 26.
Riz 106.
Roggen 107.
Rohr, italienisches 107.
Röhrenkassie 53.
Roiba 90.
Rokambolle 103.
Rollgerste 107.
Romarin 76.
Romeiro 61.
Romero 76.
Rorella 32.
Roris marini fol. 76.
Rosa canina 49, R. centifolia 49, 50, R. damascena 49, 50, R. d., var. trigintipetala 50, R. gallica 49, 50, R.
palida 49, R. roja 49, R. rossa 49, R. rugosa 49.
Rosaceae 47, Rosales 47.
Rosenhonig 50, Rosenöl 50, Rosenwasser 50, Rosinen 47.
Rose pâle 49, Rose rouge 49, R. wilde 49.
Roßkastanie 45.
Rosmarin 76.
Rosmarinus officinalis 76.
Rosoideae 48.
Roßpappel 34.
Rotang 111.
Rotholz 55.
Roto 72.
Rottanne 10.
Rottlera tinctoria 17.
Rottlerin 17.
Rovo more d. 48.
Roxas perpetuas 99.
Rübe, gelbe 66, Rübe weiße 30.
Rubia tinctorum 90.
Rubiaceae 88, Rubiales 88.
Rubiadinglykosid 90, Rubierythrinsäure 90, Rubijervin 101.
Rubi mora 48.
Rubus cuneifolius 48, R. fruticosus 48, R. idaeus 48, R. nigrobaccus 48, R. villosus 48.
Rübsaat 30, Rübsen.
Ruda 38.
Rue 38.
Ruhrwurz 48.
Ruibarbo 14, R. tostado 14.
Rusci ol. 10.
Ruscus aculeatus 104.
Rüster 13.
Ruta graveolens 37.
Rutaceae 37.
Rutin 38.

Sabadilla officinalis 101.
Sabadin 101, Sabadinin 101, Sabadillin 101, Sabatrin 101.
Sabal 111.
Sabina 7, Sabinol 7.
Saboeira 19.
Sabugeiro 91.
Sadebaum 7.
Saccharomyces cerevisiae 2, S. Kefir 3.
Saccharomycetaceae 2, Saccharomycetineae 2.
Saccharose 102.
Safran 105.
Safrol 23.
Sagapen, Sagapeno 64.
Sagaresinotannol 64.
Sago 111, S. palmen 111, Sagu 111.
Sagus Rumphii 111, S. laevis 111.
Saião 47.
Saigonzimt 22.
Salbei 78.
Salep 110.

— 133 —

Salgueiro 11.
Salicaceae 11.
Salicin 12.
Salicylaldehyd 49, Salicylsäure 26, 66, Salicylsäuremethylester 32, 49, s. auch Methylsalicylat.
Salix alba 11.
Salsa 63.
Salsaparilla 105, Salsaparrilha indigena 105, Salsepareille 105.
Salva 78.
Salvia lavandulaefolia 78, S. officinalis 78.
Salzmiere 19.
Sambucus nigra 90.
Sambunigrin 91.
Sanamunda 48.
Sandalo 57, S. rojo 57, S. rubro 57.
Sandaraca, res. 6, Sandaracopimarsäure 6, Sandaraque 6.
Sandbüchsenbaum 18.
Sangdragon 111.
Sanguinaria canadensis 27, S. minor. 20.
Sanguinarin 27, 28.
Sanguis Draconis 111.
Santal citrin 14, S. roşu 57.
Santalaceae 14, Santalales 14.
Santalin 57, Santalsäure 57.
Santalinum lignum 57.
Santalol 14, Santalen 14, Santalal 14.
Santalum album 14, S. citrinum 14. S. Freycinetianum 14, S. orientale 14, S. rubrum 57.
Santelbaum 57, Santelholz 57, Santelholz, gelbes, weißes 14, Santelholz, rotes 57, Santelöl 14.
Santonica (-co, -cum) 97.
Santonin 97, Santoninsäure 97.
Sapindaceae 45.
Saponaire 19.
Saponaria officinalis 10, S. rubra 19.
Saponin 19, 20, 43, 45, 48, 67, 69, 73, 75, 94, 105.
Sapotaceae 68.
Sapotoxin 48, Saporubrin 19.
Sareptasenf 31.
Sargacinha 71.
Sariette 78.
Sarothamnus Scoparius 56.
Sarsa 105.
Sarsaparilla 104, 105, S.-Indian 86.
Sarsasaponin 105.
Sassafrasbaum, -Holz, -Öl 23.
Sassafras officinale 23, S. variifolium 23.
Saturei 78.
Satureja Calamintha 78, S. hortensis 78.
Saubrot 67.
Saúca 91.
Sauerdorn 25, Sauerkirsche 51.
Sauge 78.
Saxifragaceae 47.
Scabiosa Succisa 92.
Scamonea 69, Scammonée d'Alep 69,

Scammonia 69, Scammonin 70, Scammonium 69.
Scandix Cerefolium 62.
Schafgarbe 96.
Scharrharz 9.
Schierling 62.
Schinopsis Lorentzii 85.
Schlangenwurz 15, 24.
Schleichera trijuga 45.
Schleim 34, 35, 36, 50, 56, 70 102, 103, 110.
Schneeballenbaum 91, amerikanischer 91.
Schneerose 26.
Schoenocaulon officinale 101.
Schokolade 35.
Schöllkraut 28.
Schwalbenwurz 86.
Schwarzföhre 8, Schwarzpappel 12, Schwarzwurzel 99.
Schwertlilie 105.
Scilla maritima 103.
Scillaïn 103, Scillin 103, Scillipikrin 103, Scillitoxin 103.
Scitamineae 108.
Sclerotium clavicepitis 3.
Scolopendre 5.
Scolopendrium vulgare 5.
Scopola 71.
Scopolamin 71, 72, 73, Scopoletin 83.
Scopolia atropoides, Sc. carniolica 71, Sc. japonica 72.
Scopolina atropoides 71.
Scordein 76.
Scordiu(m) 76.
Scorodosma foetidum 65.
Scortisióra 22.
Scorzonera hispanica 99.
Scrophulariaceae 74.
Scumpia 44.
Scutellaria lateriflora 76.
Scutellarin 76.
Secale cereale 107, S. cornutum 3.
Secara cornuta 3.
Sedum magnum 47.
Seestrandkiefer 8.
Segala cornuta 3.
Seidelbast 58.
Seifenkraut 19, Seifenrinde 47, Seifenwurzel 19.
Sellerie 63.
Semen contra d'Alep 97.
Sempervivum arboreum 47, S. tectorum 47.
Sempreviva major 47.
Séné 54, Sen d. España 54, Sena 54.
Senape 30.
Senega 43, Senegin 43.
Senf-Sarepta 31, Senf, weißer und schwarzer 30, Senföl 30.
Senna 54, Senna indica 54.
Senna-Chrysophansäure 54, S.-Emodin 54.
Serenaea serrulata 111.

Serpentarin 24.
Serpentina, amido d. 112.
Serpolet 80.
Serpylli herb. 80.
Sesamöl 75.
Sesamum indicum 75, S. orientale 75.
Seseli rustici fruct. 66.
Sevenbaum 7.
Shorea stenoptera 34, S. Wiesneri 33.
Siambenzoë 68.
Siaresinotannol 68.
Silberweide 11.
Silvacrol 18.
Silvestren 9.
Simaruba amara 41, S. excelsa 41, S. officinalis 41.
Simarubaceae 41.
Sinalbin 30, Sinalbinsenföl 30.
Sinapis alba 30, S. cernua 30, S. juncea 31, S. nigra 30.
Sinigrin 30, 31.
Sinistrin 103.
Sinngrün 85.
Sisymbrium officinale 29.
Skullcap 76.
Slippery elm 13.
Smilacin 105, Smilasaponin 105.
Smilacoideae 104.
Smilax aspera 105, Sm. China 104, Sm. medica 104, Sm. officinalis 104, Sm. ornata 104, Sm. papyracea 105.
Snakeroot 24.
Soc 91.
Solanaceae 71.
Solanin 73.
Solano (negro) 73.
Solanum Dulcamara 73, S. nigrum 73, S tuberosum 72.
Sonnentau 32.
Sorba 50.
Sorbus domestica 50.
Sorvas 50.
Sour gum 59.
Spadiciflorae 110.
Spargel 104.
Sparteïn 56.
Spartium Scoparium 56.
Spearmint 81.
Species fumigantes 98, S. lignorum 99.
Speierling 50.
Spergularia campestris 19, Sp. rubra 19.
Sphacelinsäure 3, Sphacelotoxin 3.
Sphaerococcaceae 2.
Sphaeroccocus cartilagineus 1, S. compressus 2, S. crispus 2, S. lichenoides 2.
Spigelia marilandica 83.
Spigelin 83.
Spilanthen 95, Spilanthol 95.
Spilanthes oleracea 95, Spilanthus 95.
Spina cervina 46.
Spiraea Ulmaria 49.
Spiraein 49.
Spiraeoideae 47.

Spritzgurke 92.
Squina 104.
Stachyose 87.
Stachys officinalis 77.
Stafisagria 27.
Staphylini rad. 66.
Staphysagria 26, Staphysaigre 26.
Staphysagrin 27.
Stearin 75, Stearinsäure 34.
Stechapfel 73.
Steinklee 56.
Stephanskörner 26.
Sterculiaceae 35.
Sternanis 19, Sternanisöl 20.
Sticta Pulmonaria 4.
Stictaceae 4.
Stiefmütterchen 22.
Stieleiche 10.
Stillingia silvatica 18.
Stirax licuid 16.
Storace liquido 16.
Storax 16, Storaxbaum, amerikanischer 16.
Storesinol 16.
Stramoine 73, Stramonium etc. 73.
Strophanthin, Strophanthidin 86.
Strophanthus hispidus 86, St. Kombe 86.
Strychnin 83.
Strychnos Ignatii 83, St. lanata 83, St. nux vomica 83, St. toxifera 39.
Sturmhut, blauer 27.
Styracaceae 68.
Styrax 16, St. liquid. 16, St. Benzoin 68, St. Calamita 68, St. officinalis 68, Styraxbaum 16, St., amerikanischer 16, Styrax, fester 68.
Styracin 16, 68, Styrol 16.
Succinoabietinsäure 10, Succinoresinol-Bernsteinsäureester 10.
Succinum 10.
Succisa pratensis 92.
Succus (Liquiritiae) 57.
Sudan-Senna 54.
Suie d. bois 113.
Sumac berries 44.
Sumach, amerikanischer 44, S., Gerber- 44, S. sizilianischer, S. venetianischer 44.
Sumagre 44, S. pubescente 44.
Sumaresinotannol 68.
Sumatrabenzoë 68.
Sumbul 65.
Sureau 91.
Süßholz 57.
Süßkirsche 51.
Sweet gum. 16.
Synandrae 92.
Sympetalae 67.
Symphyto-Cynoglossin 70.
Symphytum officinale 70.
Symplocos odoratissima 68.
Syzygium Jambolana 60.

Tabak 73, Tabaco 73.
Tacamahaca, westindisches 42.
Tamarin 53, Tamarinde 53, Tamarindo 53, Tamarindus indica 53, T. occidentalis 53.
Tanaceton 96.
Tanacetum Balsamita 97, T. vulgare 96.
Tanchagem 82, T. aquatica 101.
Tangsäure 1.
Tannin 11, 44, 48, 67.
Tapioka 18.
Tapsia 66.
Tarassaco 99.
Taraxacerin 100, Taraxacin 100
Taraxacum officinale 99.
Tausendguldenkraut 83.
Té 33, Tee 33.
Teer 9, Teeröl 9.
Teiu 35.
Térèbenthine d. Mélèze 9.
Terebinthales 37.
Terebinthina 8, T. canadensis 9, T. copahiba 53, T. cypria 44, T. gileadense 43, T. laricina 9, T. veneta u. T. v. balsam. 9, T. de Chio 44, Terebinthinae resina 9, T. vulgaris 9.
Terpentin 8, venetianischer 9, T., Straßburger 9, Terpentinöl 9,
Terpinen 79, Terpinenol 79, Terpineol 92, 94, 100, Terpinhydrat 109.
Terra japonica 89.
Tetanocannabin 13.
Tetranguria 93.
Teucrium Chamaedrys 75, T. Scordium 76.
Teufelsabbiß 92.
Thapsia villosa 66, Th. garganica 66.
Thapsiasäure 66.
Thé 33.
Thea assamica 33, T sinensis 33.
Theaceae 33.
Thebain 28.
Theïn 33, 90.
Theobroma Cacao 35.
Theobromin 35, 36,
Theophyllin 33.
Thuja occidentalis 6.
Thujol 98, Thujon 6, 7, 78, 79, 96, 97.
Thus 42, T. americanum 8.
Thym 80.
Thymelaea 59.
Thymelaeaceae 58.
Thymen 80.
Thymian 80.
Thymol 80.
Thymus glabratus 80, Th. Serpyllum 79, Th. silvestris 80, Th. variabilis 80, Th. vulgaris 80, Th. Zygis 80.
Tiglio 35.
Tilia cordata 35, T. grandifolia 35, T. parvifolia, T. platyphylla 35, T. ulmifolia 35.
Tiliaceae 35.

Tilleul 35.
Tilo 35.
Tim 80, Timo 80
Tinevelly-Senna 54.
Tollkirsche 71, Tollwurz 71.
Tolubalsum 70.
Toluifera balsamum 55, T. Pereirae 55.
Toluresinotannol 55.
Tolutanum balsam, — res. 55.
Tomillo 80.
Tonco sem. 58, Tonkabohnen 58.
Tormentilla erecta 48.
Tormentillgerbsäure 48.
Tossilagem 98.
Toxicodendrol 44, Toxicodendronsäure 44.
Toxicodendron pubescens 44.
Tragacantha 56, Tragacanto 56, Traganth 56.
Traubeneiche 10, Traubenkraut, mexikanisches 19, Traubenzucker 52 (s. auch Dextrose).
Trebawurzel 75.
Trébol acuatico 85
Trementina 8, T. d. abeto 9, T. d. Alerce 9, T. d. Venezia 9.
Tricoccae 16.
Trifoglio fibrino 85, Trifoin d. apa 85, Trifolium fibrinum 85.
Trigo amido Ol. d. 107.
Trigonella Foenum graecum 56.
Trigonellin 56, 86.
Trimethylxanthin 33, 90.
Trioleïn 57.
Trioxyanthrachinon 90, Trioxymethylanthrachinon 14, 46, 103.
Triticin 107.
Triticum repens 117, T. sativum 107, T. vulgare 107.
Trixaginis herb. 76.
Trovisco 59.
Tubiflorae 70, Tubiflorae (Compositae) 94.
Tupelo 59.
Turbith, spanischer 66, T. vegetal 69, Turbithwurzel 69.
Turpetharz 69, Turpetheïn 69, Turpethin 69.
Turpith 69.
Tussilago Farfara 98.

Ulmaceae 13.
Ulmaria 49
Ulme 13.
Ulmeira 49.
Ulmus campestris 13, U. fulva 13.
Umbelliferae 62, Umbelliflorae 62.
Umbelliferon 20, 64, 65.
Umbilicus pendulinus 47, U. Veneris 47.
Uncaria Gambier 89.
Uragoga Ipecacuanha 90.
Urginea maritima 103, U. Scilla 103.

Urtica caudata 13, U. dioica 13, U. lusitanica 13, U. urens 13.
Urticaceae 13, Urticales 12.
Uvae ursi fol. 67, Uva ursina 67.
Uvas passadas 47.

Vaccinium Myrtillus 67.
Valeriana officinalis 91.
Valerianaceae 91.
Valeriansäure 65, 91.
Vanilla planifolia 110.
Vanillin 16, 55, 68, 110, Vanillinglykosid 107.
Veilchen 32, Veilchenwurzel 105.
Vellarin 62.
Veratridin 101, Veratrin 101, Veratroidin 101.
Veratro branco 101, V. verde 101.
Veratrum album 101, V. a. var. albiflorum 101, V. a. var. viridiflorum 101, V. Lobelianum 101, V. viride 101.
Verbascum crassifolium 74, V. phlomoides 74, V. thapsiforme, V. Thapsus 74.
Verbena officinalis 75, V. triphylla 75.
Verbenalin 75, Verbenaöl 75
Veronica Beccabunga 74, V. officinalis 74, V. virginica 74.
Veronique officinale 74.
Viburnin 91.
Viburnum Lentago 91, V. Opulus 91, V. prunifolium 91.
Viburnumsäure 91.
Villosin 48.
Vinca minor 85.
Vincetoxin 86
Vincetoxicum officinale 86.
Vincin 85.
Vinum 47.
Viola arvensis 32, V. mammola 32, V odorata 32, V. tricolor 32, V. tricolor, var. arvensis 32.
Violaceae 32.
Violaquercitrin 32.
Violeta tricolor 32, Violetas 32, Violette 32.
Viscum album 14.
Vitaceae 46.
Vitis vinifera 46.

Wacholderbeeren 6, Wacholderholz 7, Wacholderöl 7, Wacholderteer 7.
Wahoo-bark 45.
Walnußbaum 11.
Wasserfenchel 64, Wasserharz 8, Wassermelone 93, Wassernabel 62.
Wegerich 82.
Wegwart 99.
Weichsel 51.
Weidenrinde 11.
Weihrauch 42, Weihrauchkiefer 8.
Wein 46, 47.
Weinraute 37.
Weinsäure 50, 53, 91.

Weißpech 8.
Weißtanne 9.
Weizen 107, Weizenöl 107, Weizen, türkischer 106.
Wermut 98, Wermutöl 98.
Wild cherry 52.
Willoughbya 86.
Winter éc. d. 20, Winterana Canella 21, Winteranus cort. 20, Winteranus cort. spur. 21.
Wintereiche 10.
Winteren 20.
Wintergreen-oil. 67.
Wintermajoran 79, Winterrinde 20.
Witchhazel 16.
Wohlverlei 98.
Wollkraut 74.
Wurmfarn 5, Wurmmoos 2, Wurmöl 97, Wurmsamen 97.

Xanthoxylin 37.
Xanthoxylum americanum 37.
Xeranthemum annuum 99, X. inapertum 99.
Xylin 82.

Yellow jasmin 82, Yellow pine 7.
Yerba santa 70.
Ysop 79.

Z siehe auch C.
Zafferano 105.
Zanthoxylum s. Xanthoxylum.
Zaragotona 82.
Zarzaparilla 105.
Zaunrübe 92.
Zea Mays 106.
Zeder, spanische 7.
Zedoaria etc. 108.
Zellulose 35.
Zentifolie 49.
Zenzero 108.
Zichorie 99.
Zimbro 7.
Zimt, weißer 21, Zimtbaum 22, Zimtöl 22, Zimtkassienöl 22.
Zimtsäure 16, 55, 68, Zimtsäurebenzylester 16, 55, Zimtsäurezimtester 16, 55, 68.
Zingiber officinale 108.
Zingiberen 109.
Zitrone 40.
Zitronensäure 41, 48, 53, 72.
Zittwersamen 97, Zittwerwurzel 103.
Zittmansches Dekokt 105.
Zizyphus sativa 46, Z. vulgaris 46, Z Lotus 46.
Zucker 35, 47, 48, 50, 51, 52, 54, 61, 74, 91, 106, 107, 111.
Zunder 3.
Zwetschke 50.
Zygophyllaceae 37.
Zypresse 6